南水北调中线工程
倒虹吸出口典型水力学问题研究

许新勇　卢明龙　陈晓楠　著

中国水利水电出版社
www.waterpub.com.cn
·北京·

内 容 提 要

本书围绕南水北调中线工程，针对大流量输水过程中存在的倒虹吸出口典型水力学问题开展研究，详细介绍了计算流体动力学理论与方法；通过理论和实测数据分析、数值模拟计算等研究手段，对倒虹吸出口不稳定流动现象、异响等典型水力学问题的形成机理进行了系统分析；研究了倒虹吸结构型式、流量、闸门开度对水位异常波动的影响，进而提出控制水位异常波动的工程措施。

本书可供从事水利水电工程、河流动力学、土木工程等专业学科的科研、教学和相关工程技术人员学习和阅读参考。

图书在版编目（ＣＩＰ）数据

南水北调中线工程倒虹吸出口典型水力学问题研究 / 许新勇，卢明龙，陈晓楠著. -- 北京 : 中国水利水电出版社，2022.8(2024.3重印)
ISBN 978-7-5226-0862-4

Ⅰ．①南… Ⅱ．①许… ②卢… ③陈… Ⅲ．①南水北调—倒虹吸管—水力学—研究 Ⅳ．①TV682

中国版本图书馆CIP数据核字(2022)第127460号

书　　名	**南水北调中线工程倒虹吸出口典型水力学问题研究** NANSHUIBEIDIAO ZHONGXIAN GONGCHENG DAOHONGXI CHUKOU DIANXING SHUILIXUE WENTI YANJIU
作　　者	许新勇　卢明龙　陈晓楠　著
出版发行	中国水利水电出版社 （北京市海淀区玉渊潭南路１号Ｄ座　100038） 网址：www.waterpub.com.cn E-mail：sales@mwr.gov.cn 电话：（010）68545888（营销中心）
经　　售	北京科水图书销售有限公司 电话：（010）68545874、63202643 全国各地新华书店和相关出版物销售网点
排　　版	中国水利水电出版社微机排版中心
印　　刷	北京中献拓方科技发展有限公司
规　　格	184mm×260mm　16开本　9.25印张　192千字
版　　次	2022年8月第1版　2024年3月第2次印刷
定　　价	**98.00元**

前 言
FOREWORD

    南水北调工程是优化我国水资源时空配置的重大举措,是促进经济社会可持续发展、保障和改善民生的重大战略性基础设施。工程从长江下游、中游、上游规划了东、西、中三条调水路线,将长江、淮河、黄河、海河相互连接,构成了中国水资源"四横三纵、南北调配、东西互济"的总体格局,从根本上扭转中国水资源分布严重不均的局面。

    随着南水北调工程的运行,水资源调配效应日益凸显,供水量持续快速增加,有力支撑了受水区和水源区经济社会发展,有效促进了沿线地区生态环境发展。但随着调水工况及环境的日益复杂,工程运行期间出现了一些新的情况,对南水北调工程平稳输水产生一定的影响和隐患。例如,中线工程大流量输水期间,部分倒虹吸工程出现管身明满流交替、出口处存在异响和水位异常波动,同时尾墩后发生涡带绕流。基于以上典型水力学问题,会对工程平稳调水和结构安全产生不可预测的影响,本书特针对南水北调工程倒虹吸出口典型水力学问题开展深入系统的研究,揭示其内在形成机理并提出可靠的解决措施,为南水北调工程安全调度运行提供理论参考和技术支撑。

    本书详细概述了水力学的研究理论、方法与数学模型,基于现场调研、数据采集和数值仿真计算,对南水北调中线工程典型倒虹吸大流量输水情况下的水力特性,特别针对山庄河倒虹吸出口异响及水位异常波动现象,开展了深入的研究。全文共9章:第1章绪论,介绍了南水北调工程情况及水力学问题研究发展现状;第2章计算流体动力学理论与方法;第3章典型倒虹吸建筑物现场调研与实测分析;第4章倒虹吸异响及水位异常波动的内在机理分析;第5章倒虹吸结构型式对水位异常波动的影响;第6章不同流量对水位异常波动的影响研究;第7章控制水位异常波动的工程措施研究;第8章闸门开度对水位异常波动的影响;第9章结论。

本书由华北水利水电大学许新勇、中国南水北调集团中线有限公司卢明龙和陈晓楠撰写。薛海、陈建、王鹏涛、蒋莉等为本书提出了中肯的修改意见；研究生王松涛、孟向阳、许晨笑、陈绥琦、黄万超等参与了本书的部分撰写工作，在此一并表示感谢！

中国南水北调集团中线有限公司为本书开展的相关研究提供了基础资料，现场调研与实测等工作提供了大力协助和支持；本书的撰写和出版得到了华北水利水电大学（黄河流域水资源高效利用省部共建协同创新中心、河南省水环境模拟与治理重点实验室、水资源高效利用与保障工程河南省协同创新中心、河南省水工结构安全工程技术研究中心）的大力支持，在此一并致以诚挚的谢意！

本书的撰写引用了国内外学者的相关研究成果，均已在参考文献中列出。由于作者水平有限，书中的缺点和疏漏在所难免，恳请广大读者批评指正。

作者

2022 年 8 月

目 录
CONTENTS

前言

第1章 绪论 …………………………………………………… 1

1.1 工程概况 …………………………………………… 3

1.2 研究意义 …………………………………………… 4

1.3 国内外研究现状 …………………………………… 5

1.4 研究思路与研究内容 ……………………………… 7

第2章 计算流体动力学理论与方法 ……………………… 9

2.1 计算流体动力学理论 ……………………………… 11

2.2 数值模拟软件平台 ………………………………… 21

第3章 典型倒虹吸建筑物现场调研与实测分析 ………… 29

3.1 现场调研 …………………………………………… 31

3.2 现场实测 …………………………………………… 31

3.3 实测数据结果 ……………………………………… 37

3.4 无人机航拍成果 …………………………………… 42

第4章 倒虹吸异响及水位异常波动的内在机理分析 …… 49

4.1 倒虹吸数值仿真模型 ……………………………… 51

4.2 大流量输水 D1 工况数值仿真模拟分析 ………… 54

4.3 大流量输水 D2 工况数值仿真模拟分析 ………… 63

4.4 设计流量输水工况数值仿真模拟分析 …………… 68

4.5 加大流量输水工况数值仿真模拟分析 …………… 72

4.6 倒虹吸出口异响及水位波动现象内在机理研究 … 76

4.7 异响及水位异常波动对倒虹吸结构的影响 ……… 80

第5章 倒虹吸结构型式对水位异常波动的影响 ………… 81

5.1 等价原则 …………………………………………… 83

5.2 四孔倒虹吸数值仿真模型 ………………………… 83

5.3 四孔倒虹吸工程大流量输水工况水力特性研究 … 85

5.4 不同结构型式结果对比分析 ……………………… 89

5.5　结构型式对水位波幅的影响分析 ……………………………… 91

第 6 章　不同流量对水位异常波动的影响研究 ……………… 95

6.1　流量工况设定 ……………………………………………………… 97

6.2　不同流量工况的流速特性对比分析 ……………………………… 97

6.3　不同流量工况的水深特性对比分析 ……………………………… 99

6.4　不同流量工况的水位波动特性对比分析 ………………………… 101

6.5　波动最大幅值分析 ………………………………………………… 103

第 7 章　控制水位异常波动的工程措施研究 ………………… 105

7.1　控制措施方案 ……………………………………………………… 107

7.2　尾墩导流措施设计方案 …………………………………………… 107

7.3　闸室底坎措施设计方案 …………………………………………… 114

第 8 章　闸门开度对水位异常波动的影响 …………………… 125

8.1　闸门控制措施方案 ………………………………………………… 127

8.2　流速云图结果分析 ………………………………………………… 127

8.3　水深云图结果分析 ………………………………………………… 128

8.4　水位波动时程图分析 ……………………………………………… 129

8.5　闸控前后倒虹吸水力特性对比分析 ……………………………… 130

第 9 章　结论 ………………………………………………………… 133

参考文献 ……………………………………………………………… 137

第 1 章

绪　　论

1.1   工程概况

南水北调工程是我国水资源调配的战略性工程，主要解决我国北方地区，尤其是黄淮海流域的水资源短缺问题。自工程建成通水以来，有效地缓解了我国北方黄淮海平原地区水资源严重短缺的现象，对受水区河南、河北、天津、北京、山东、江苏等省（直辖市）经济社会可持续发展发挥了重大作用。

南水北调中线工程，从长江最大支流汉江中上游的丹江口水库东岸岸边引水，经长江流域与淮河流域的分水岭南阳方城垭口，沿唐白河流域和黄淮海平原西部边缘开挖渠道，在河南荥阳市王村通过隧道穿过黄河，沿京广铁路西侧北上，自流到北京颐和园团城湖的输水工程。供水范围主要是唐白河平原和黄淮海平原的西中部，供水区总面积约 15.5 万 km²，工程重点解决河南、河北、天津、北京 4 个省（直辖市）的沿线 20 多座大中城市提供生活和生产用水，并兼顾沿线地区的生态环境和农业用水。中线输水干渠总长达 1276km，向天津输水干渠长 156km。

南水北调中线工程自 2014 年 12 月 12 日正式通水以来，整体运行良好，供水量连年攀升。截至 2021 年 7 月 19 日，陶岔渠首累计调水入渠水量达 400 亿 m³，除渠中存有的水量之外，向河南省供水 135 亿 m³，向河北省供水 116m³，向天津市供水 65 亿 m³，向北京市供水 68 亿 m³。其中，向津冀豫生态补水 59 亿 m³。直接受益人口 7900 万人，成为沿线城市供水新的生命线，有效保障受水区复工复产用水需求，为实施京津冀协同发展及雄安新区、北京城市副中心建设、中原崛起战略提供了水资源支撑。另外，截至 2021 年 11 月 1 日，南水北调中线一期工程 2020—2021 年调水任务结束，2020—2021 年供水年度入渠总量超过 90 亿 m³，相当于今年已累计输出 630 个西湖的水量，占水利部下达年度调水计划 74.23 亿 m³ 的 121%，创下历史新高。

南水北调中线工程的正式通水，改变了受水区供水格局，从补充水源逐步成为沿线城市生活用水的主力水源。目前，北京城市用水量的 75% 以上为南水；天津 14 个行政区居民使用南水；河南的 13 座城市受益，其中多座城市主城区 100% 使用南水；河北有 9 座城市受益。北京、天津、石家庄等北方大中城市基本摆脱缺水制约。通水以来，丹江口水库和中线干线供水水质稳定在 Ⅱ 类标准及以上。甘甜的长江水，为沿线群众提供了更为优质的饮用水，饮用水硬度明显降低，北京市自来水硬度由过去的 380mg/L 降至 130mg/L。河北省 500 多万人告别了长期饮用的高氟水、苦咸水，受水区广大人民群众幸福感、获得感和安全感显著增强。

随着南水北调中线工程的运行，水资源调配效应日益凸显，供水量持续快速增加，优化了我国水资源配置格局，有力支撑了受水区和水源区经济社会发展，有效促进了沿线地区生态环境发展。

1.2　研究意义

南水北调中线工程是长距离线性调水工程，纵坡比小，由丹江口水库的陶岔渠首全线依靠自流至北京，所以减小水流阻力、控制水头及水量损失就显得非常重要。南水北调中线工程沿线布置各类建筑物共计 2387 座，其中输水建筑物 159 座（包含渡槽工程 27 座、倒虹吸工程 102 座、暗渠工程 17 座、隧洞工程 12 座、泵站工程 1 座），穿渠河渠交叉建筑物 31 座，左排建筑物 476 座，渠渠交叉建筑物 128 座，控制建筑物 304 座，铁路交叉建筑物 51 座，公路交叉建筑物 1238 座。

南水北调中线一期工程自 2014 年 12 月 12 日正式全线通水，整体运行平稳。目前工程已安全运行七年，累计调水 430 亿 m³，惠及沿线 24 个大中城市及 130 多个县，直接受益人口超过 7900 万人，经济、生态、社会等综合效益发挥显著，极大地缓解了北方水资源短缺状况。在中线工程实际调度运行中，倒虹吸设计单元工程作为重要的组成部分，其出口处设置有节制闸，在工程运行后参与联合调度，随着调水工况及环境的日益复杂，工程运行期间出现了一些新的情况，对南水北调中线工程平稳输水产生一定的影响和隐患。例如，中线工程大流量输水期间，部分倒虹吸工程节制闸闸门全开的工况下，管身内出现明满流交替，会造成倒虹吸出口处异响及水位异常波动。

安全运行是南水北调的生命线，是必须坚守的底线。在工程运行中，各类安全隐患的存在给工程运行带来一定风险。必须防患于未然，认真贯彻落实"水利工程补短板、水利行业强监管"的总基调，研究分析可能发生的各类工程风险，制定风险控制措施和保障预案，确保工程安全平稳运行，保证工程效益持久发挥。

因此，根据南水北调中线工程监测资料，对出现异响及水位异常波动等水力学问题的倒虹吸工程进行研究显得非常重要。本书拟采取现场观测、理论分析和数值模拟的综合方法，研究倒虹吸工程输水运行中的水位波动变化的过程，深入发掘其形成的机理，并提出相应的工程措施，为南水北调中线工程倒虹吸建筑物输水的安全调度提供一定的指导，使南水北调工程在保证安全运行的前提下，充分发挥工程效益。

中线工程大流量输水期间，山庄河倒虹吸部分部位出现了明显的水位异常波动现象。现场观测到山庄河倒虹吸出口闸室段最大波幅近 0.9m。故将该建筑物列为本书研究的典型建筑物。

南水北调中线工程大流量输水期间，部分倒虹吸工程的节制闸在闸门全开工况下，管身出口处出现了规律性的"噗、噗"异响声，管身出口处发生异响时，伴随着水体快速喷涌而出，形成涌浪拍打弧形闸门面板。同时，在三孔倒虹吸出口的两个尾墩墩后，均出现了呈对称分布的漩涡带，在出口闸室段形成了周期性水位波动现象。出口处水流频繁拍打闸门、涡带扰流和水位异常波动等现象的存在，将对工程平稳调水和结构安全产生不可预测的影响，需要进行深入研究，揭示倒虹吸出口异响及水位波动现象发生的内在机理，提出控制措施和建议，为确保南水北调中线工程安全调度运行提供理论参考和技术支撑。山庄河倒虹吸出口水位异常波动图如图1-1所示。

图1-1 山庄河倒虹吸出口水位异常波动图

1.3 国内外研究现状

在大型调水工程中，倒虹吸作为重要的输水建筑物，其设计、施工等水平体现了一个行业的综合科技水平，近些年来，国外对于水利工程大型建筑物的水力计算研究有很多。Liu Z等用改进的RNG $k-\varepsilon$ 模型模拟明渠水流，得到较好的模拟效果，对于明渠中水力计算湍流模型的选取有一定指导意义；Zhang M等在对曲流河进行三维数值仿真计算时采用RNG $k-\varepsilon$ 模型；Koutsourakis N等在对峡谷中渠道流动进行数值仿真计算时，对 $k-\varepsilon$ 模型和RNG $k-\varepsilon$ 模型进行对比分析，得出对于渠道有涡旋流动采用RNG $k-\varepsilon$ 模型模拟效果更佳；Nogueira X等研究大涡模拟对于压缩流体自动耗散调节后的湍流模型效果，对于大涡模拟、RNG $k-\varepsilon$ 模型和 $k-\varepsilon$ 模型进行多组试验进行对比分析各模型的适用条件。国内在研究典型水利建筑物水力计算成果同样很多，张曙光等为预测圆柱形桥墩周围的局部冲刷坑形态和最大冲坑深度，运用Flow-3D软件的水动力学模块和泥沙输运模块对桥墩附近局部冲刷进行了三维数值模拟。骆霄等针对目前高速水流消能形式存在的缺点，基于Flow-3D软件，采用RNG $k-\varepsilon$

模型、Tru-VOF 方法模拟了无压洞式溢洪道内消能墩附近的水流运动特性，结合洞塞式消能工的消能机理和水工模型试验，对比分析了内消能墩附近的水流流态、流速分布、压强分布、水面线和消能率等。叶瑞禄利用 Fluent 对渡槽进出口衔接段水流进行三维水流数值模拟，控制方程选择质量守恒方程和雷诺平均 N-S 方程、RNG k-ε 涡黏性两方程模型。常胜、李新等对倒虹吸水力计算提出，用柯尔布鲁克公式比谢才公式计算所得的水头损失与实测值更接近。石昊等对于出山店水利枢纽工程齿坎式宽尾墩进行模拟，用 Flow-3D 软件选取 RNG k-ε 模型模拟水流形态取得和模型试验相近的效果。

对于大型倒虹吸工程，目前市面上水力学与河流动力学、水力模拟相关技术，水力学模拟设备及平台已经相当成熟，对于采用 Flow-3D、Fluent 等多种计算流体动力学软件计算大型建筑物都有一定的研究。在国外学者对于 Flow-3D 软件的使用中，Waldy M 等运用 Flow-3D 软件进行计算渠道过流中的拦污栅水力计算，借助 Flow-3D 软件寻找出计算拦污栅水头损失的新的方法；Sebastian Krzyzagorski 等又对斜拦污栅进行研究，完善 Flow-3D 软件对于大型渠道建筑物水力特性研究时的可行性。2011 年，第 11 届 Flow-3D 欧洲用户大会上，Flow-3D 软件解决工程难题进行了现场演示；2016 年第五届环境、材料、化学和电力电子国际会议上，Zhu Jinghai 介绍了 Flow-3D 软件在水利工程上的运用。国内学者对于 Flow-3D 软件在许多领域都进行了应用，包括热传导方向、河流泥沙方向、鱼道水力特性计算、溢洪道泄洪、铝合金铸件低压铸造及减震塔真空压铸工艺，冲刷与侵蚀沉积方向，Flow-3D 软件还可以对多项流进项研究，通过其独有的 tru-FAVOR 技术可以实现对自由表面的准确模拟。

南水北调中线工程倒虹吸出口断面大流量输水过程中会出现超常水位波动现象，水波拍打建筑物墙体及闸门，会对建筑物产生疲劳损伤破坏，影响过流建筑物的耐久性和稳定性。国内很多学者对于水位异常波动有过研究，其中张婷结合工程设计条件，分别用理论方法，Flow-3D 软件的二维和三维数值模型模拟方法来计算波浪作用力，将三者的计算结果进行对比，对 Flow-3D 二维和三维模型的模拟效果进行验证；吴佩峰等对于采用庈流消能方式的下游河道水面波动情况进行研究，研究成果可以为大型工程防波设计提供参考依据；李毅佳等以南水北调中线某一渠道为例，研究了长距离明渠输水工程的水力控制问题直接关系到工程的安全运行，对节制闸调控下的明渠输水系统水力特性进行了研究，得出闸门的启闭速率与水位波动之间的关系；蔡芳等对于三维计算流体动力学方法模拟调压室水位波动的准确性进行了计算，推动三维计算流体动力学方法在计算漩涡和水位纵向振荡等问题的深入研究；黄田等研究了水位波动对洞庭湖越冬小天鹅的影响；吴永妍等以新疆克拉玛依引水工程西干渠为背景，通过物理模型试验研究了从梯形明渠到马蹄形隧洞进口过渡段的水面衔接特点和局部水头损失规律，试验结果为实际工程梯形明渠到无压隧洞的过渡段设计提供了依据；邱春等采用 RNG k-ε 模型和 Tru-VOF 方法对某工程带差动挑坎的溢洪道流场进行了三维数值模拟研究；张涛涛在 Flow-3D 软件中计算三维数值波浪水槽的波浪力，然后将波浪力输入到 ANSYS 有限元软件中进行围油栏结构的应力分析；江鸣、韩朋、邹志利等对于波浪和消除波浪在矩形潜堤附近的作用进行了研究。近年来人们对于水力计算中的湍流模型选取、水位波动在 Flow-3D 软件中的计算做了很多研究，大型水工建筑物的水力计算得到了不断发展。本书基于 Flow-3D 软件，建立合理的大型倒虹吸计算流体力学模型，进行倒虹吸出口水位波动机理研究。

1.4　研究思路与研究内容

本书采取现场观测、理论分析和数值模拟的综合方法，基于计算流体动力学基本理论，引入紊流基本方程。利用大型流体力学软件，构建不同型式、不同流量及不同闸门开度的精细化倒虹吸计算流体动力学模型，全面分析倒虹吸出口处水位波动、明满流交替及异响现象产生的内在机理，为南水北调中线工程的安全运行提供技术支持。

本书主要研究内容如下：

（1）系统阐述本书涉及的国内外研究进展、数值模拟理论及方法。

（2）典型倒虹吸建筑物现场调研及实测分析。本次共选取了 14 座存在异响及水位异常波动的典型倒虹吸工程进行调研统计。对中线工程典型倒虹吸进行现场实地观测，测量出现异响倒虹吸进口及出口处的水深和流速，采集倒虹吸出口处水位波动及流量变化等数据；收集中线工程倒虹吸建筑物设计图纸、设计报告及运行调度数据表。

（3）倒虹吸异响及水位异常波动的内在机理分析。通过建立计算流体力学模型，基于计算流体动力学基本理论，引入紊流基本方程，对倒虹吸数值仿真计算进行多相流模型的选择，研究适用中线倒虹吸工程的数值计算方法。选取 RNG k-ε 模型对倒虹吸出口产生水位异常波动现象进行模拟计算，分析异响及水位异常波动等现象产生的机理。

（4）倒虹吸结构型式对水位异常波动的影响。南水北调中线工程的倒虹吸设计单元工程的结构型式，一般包含两孔、三孔和四孔等不同体型。通过对近些年工程运行过程的了解，部分三孔倒虹吸工程的出口处，出现了明满流交替、异响以及水位异常波动等水力学中的复杂的紊流现象。因此，本书拟建立三孔和四孔两种型式的倒虹吸数值仿真模型，通过数值仿真计算，对比分析两种结构型式倒虹吸出口处紊流现象，探寻倒虹吸结构型式对出口处水位异常波动的影响。

（5）不同流量对水质异常波动的影响研究。在倒虹吸运行过程中，随着输水流量的变化，管身水体能量随之变化。根据倒虹吸流量监测数据，在倒虹吸正常运行输水、设计流量输水、加大流量输水等多种工况中，选取几种不同的输水流量，分别建立倒虹吸计算流体动力学模型，对不同流量工况下倒虹吸出现异响及水位异常波动现象的水力特性进行对比分析，研究流量参数的影响程度。

（6）闸门开度对水位异常波动的影响。在工程实际运行中，大流量输水时节制闸闸门经常采用敞泄运行方式，倒虹吸出口处出现水位异常波动等现象；闸门控泄运行时，闸门参与调度后，对倒虹吸出口处的水位波动等现象的影响程度，需进一步深入研究。本书拟根据倒虹吸建筑物不同开度区间的运行调度数据，尝试对倒虹吸闸门敞泄工况以及几种闸门控泄工况进行数值仿真计算，研究闸门调控对异响和水位波动等现象产生的影响。

第 2 章

计算流体动力学
理论与方法

2.1 计算流体动力学理论

2.1.1 计算流体动力学概述

计算流体动力学（Computational Fluid Dynamics，CFD）是近代流体力学，数值数学和计算机科学结合的产物；是一门具有强大生命力的交叉科学；是将流体力学的控制方程中积分、微分项近似地表示为离散的代数形式，使其成为代数方程组，然后通过计算机求解这些离散的代数方程组，获得离散的时间、空间点上的数值解。

南水北调中线工程倒虹吸建筑物出口水位波动现象是典型的工程水力学问题。为解决工程运行期间出现的水位波动问题，本书基于计算流体动力学计算方法，对倒虹吸正常输水工况进行数值仿真计算，可以得到流场内的各个位置上的基本物理量，如速度、压力、水深等的分布，以及这些物理量随时间的变化数据，为研究倒虹吸出口产生水位波动的机理提供技术支撑。

2.1.2 流体控制方程

在流体计算中，为了模拟各种流体现象，需要建立不同的流体控制方程，流动形式的复杂程度决定着控制方程的复杂程度。但无论多复杂的流动形式，其流动都由三个基本的物理原理控制，即质量守恒定律、牛顿第二定律、能量守恒定律。这三个基本的物理原理分别对应三个控制方程，即连续性方程、动量方程和能量方程。这三个方程组成了流体力学的控制方程。对于不可压缩流体来讲，它的运动主要遵循两大定律——质量守恒定律以及能量守恒定律。本次数值模型计算是不可压缩黏性流体的运动，涉及的控制方程有 N-S（Navier-Stokes）方程，包括连续性方程、动量方程、能量方程。

1. 连续性方程

质量守恒定律在流体力学中的具体表现形式为连续性方程，即假设流体为连续介质模型，单位时间内流入控制体中的质量与流出该控制体的质量相等，这表明系统中的质量既不增加也不减少。

其质量守恒的积分形式表达式为

$$\frac{\partial \rho_f}{\partial t} + \nabla \cdot (\rho_f \boldsymbol{u}) = 0 \tag{2-1}$$

式中　ρ_f——流体密度；

　　　　t——时间；

　　　　$\boldsymbol{u}$——流体速度矢量。

若为不可压流体，则

$$\frac{\partial u}{\partial x} + \frac{\partial v}{\partial y} + \frac{\partial w}{\partial z} = 0 \tag{2-2}$$

式中　u、v、w——流体速度矢量 $\boldsymbol{u}$ 在 x、y 和 z 方向的分量。

若为稳态流体，则

$$\frac{\partial (\rho_f u)}{\partial x} + \frac{\partial (\rho_f v)}{\partial y} + \frac{\partial (\rho_f w)}{\partial z} = 0 \tag{2-3}$$

2. 动量方程

动量方程的含义是控制体内的流体动量变化对于时间的导数与外界作用于控制体的各种力的合力相等，进而求导出 x、y、z 三个方向的动量守恒方程。动量守恒方程的表达式为

$$\frac{\partial u}{\partial t} + \frac{1}{V_F}\left(uA_x \frac{\partial u}{\partial x} + vA_y \frac{\partial u}{\partial y} + wA_z \frac{\partial u}{\partial z}\right) = -\frac{1}{\rho}\frac{\partial p}{\partial x} + G_x + f_x \tag{2-4}$$

$$\frac{\partial u}{\partial v} + \frac{1}{V_F}\left(uA_x \frac{\partial u}{\partial x} + vA_y \frac{\partial u}{\partial y} + wA_z \frac{\partial u}{\partial z}\right) = -\frac{1}{\rho}\frac{\partial p}{\partial x} + G_y + f_y \tag{2-5}$$

$$\frac{\partial u}{\partial w} + \frac{1}{V_F}\left(uA_x \frac{\partial u}{\partial x} + vA_y \frac{\partial u}{\partial y} + wA_z \frac{\partial u}{\partial z}\right) = -\frac{1}{\rho}\frac{\partial p}{\partial x} + G_z + f_z \tag{2-6}$$

式中　G_x、G_y、G_z——x、y、z 方向的重力加速度，$\mathrm{m/s^2}$；

　　　　f_x、f_y、f_z——x、y、z 方向的黏滞力；

　　　　V_F——可流动的体积分数；

　　　　ρ——流体密度，$\mathrm{kg/m^3}$；

　　　　p——作用在流体微元上的压力。

3. 能量方程

能量方程表示封闭系统总能量不变的规律，是指单位微分体内能量的增加及单位时间内能量与外力所做功之和。在流体计算过程中，当流动系统中存在热交换时，那么就将考虑能量传递，流体部分能量守恒方程表达式为

$$\frac{\partial (\rho_f T)}{\partial t} + \nabla \cdot (\rho_f \boldsymbol{u} T) = \nabla \cdot \left(\frac{k}{c_p}\mathrm{grad}\,T\right) + S_T \tag{2-7}$$

式中　　T——温度，℃；

　　　　ρ_f——流体密度；

　　　　S_T——黏性耗散项；

　　　　c_p——比热容；

　　　　k——热传导系数。

由于流体三大方程的表达式较为相似，为此，可引入流场通用变量，流体控制方程的通用形式为

$$\frac{\partial(\rho f)}{\partial t}+\nabla(\rho \boldsymbol{u} f)=\nabla(\Gamma \mathrm{grad} f)+S \tag{2-8}$$

式中　　f——流场通量；

　　　　ρ——流体密度；

　　　　Γ——扩散系数；

　　　　S——源项；

　　　　$\boldsymbol{u}$——速度矢量。

2.1.3　湍流模型

流体运动可分为层流与湍流两种运动方式，自然界中的绝大部分流体运动均为湍流运动，由于其运动的非线性特征，速度和压力值都具有随机性，流体质点在运动过程中会不断地相互混掺，运动形式极为复杂。计算流体力学的高速发展使得数值模拟已经逐渐成为了工程中最高效、广泛的湍流预测方法。常见的数值模拟方法包括直接数值模拟方法（Direct Numerical Simulation，DNS）和非直接数值模拟方法两类。直接数值模拟方法是根据流体域控制方程中的连续方程和运动方程直接进行求解该方法对网格要求高，计算资源需求巨大，而非直接数值模拟计算方法是将湍流模型进行适当的简化，不考虑湍流的脉动特性。非直接数值模拟方法根据简化处理方法的不同可分为大涡模拟（Large Eddy Simulation，LES）、雷诺平均法（Reynolds Average Navier-Stokes，RANS）、统计平均法三类，前两者在工程中应用较为普遍。由于湍流是以混沌性质变化为特征的流动且具有非定常、多尺度等特性，直接数值模拟的方法在面对实际工程复杂的湍流问题难以实现 N-S 方程的存在，湍流模型的引入可较大幅度降低其计算量。受限于现有有限的计算能力和直接数值模拟的巨大的计算开销，在数值模拟中用湍流模型来模化黏性流体涡引起的能量耗散，是目前比较通用的计算途径。

为了较好地模拟湍流现象，首先需要根据不同湍流模型的特点，选择合适的湍流模型，以下将介绍几种常见的湍流模型。

2.1.3.1　雷诺平均法

雷诺平均法（RANS）是将非定常的 N-S 方程时均化，从而得到一组以时均值为未知量的非封闭方程组。大体上可以将雷诺平均法分为两类：涡黏模型、雷诺应力模型。

1. 涡黏模型

该模型由 Boussinesq 于 1877 年提出，其核心理念是将雷诺剪切应力表示成时均速度梯度与涡黏性系数的乘积，即

$$-\rho\overline{u'v'}=\mu_t\frac{\partial u}{\partial y} \tag{2-9}$$

该类湍流模型的主要任务是求解涡黏性系数 μ_t，目前常用的湍流模型大多属于此类。

根据建立湍流模型所需微分方程数目的不同，此类湍流模型可分为三类，分别为：零方程模型（代数模型）、单方程模型（Apalart-Allmaras 模型等）和两方程模型（$k-\omega$ 模型、$k-\varepsilon$ 模型等）。

零方程模型通过代数关系式求解，往往只适用于简单流动；单方程模型在湍流时均连续方程和雷诺方程的基础上建立湍流能 k 的输运方程；较为常用的是两方程模型。假设流动为完全紊流，分子黏性的影响可以忽略，选用湍动能 k 及其耗散率 ε 作为表征湍动特性的两个参数。k 代表湍流的特征速度，ε 则等价于湍流特征长度，k 和 ε 分别用相应的输运方程描述。

以下主要针对两方程模型中的标准 $k-\varepsilon$ 模型及其改进后较常使用的延伸湍流模型进行介绍。

（1）标准 $k-\varepsilon$ 模型。两方程模型的数学方程包括 k 方程（湍动能方程）和 ε 方程（湍动能耗散率方程），适用于雷诺数大的区域，尤其适用于压力梯度较小的自由剪切层流，是目前工程应用最普遍的模型，但该模型对于强旋流、弯曲边界层、无约束流等模拟上表现不佳。

湍流动能耗散率 ε 的数学表达公式为

$$\varepsilon=\frac{\mu}{\rho}\frac{\partial u_i'}{\partial x_k}\frac{\partial u_j'}{\partial x_k} \tag{2-10}$$

而湍流动能 k 与湍流黏度 μ_t 之间的数值关系表达式为

$$\mu_t=\rho c_\mu\frac{k^2}{\varepsilon} \tag{2-11}$$

再次引入一个假设：湍流的流动是没有经过阻碍得以充分发展的流动，即黏度系

数、各向同性的标量。而在弯曲流线的情况下，湍流是各向异性的，黏度系数应是各向异性的张量。因此，强旋流、弯曲壁面流动或弯曲流线流动模拟采用标准 $k-\varepsilon$ 模型会产生失真。在不可压缩流体的标准 $k-\varepsilon$ 模型中：

1）湍流动能 k 方程为

$$\frac{\partial(\rho k)}{\partial t}+\frac{\partial(\rho k u_i)}{\partial x_i}=\frac{\partial}{\partial x_j}\left[(\mu+\mu_t)\sigma_k\frac{\partial k}{\partial x_j}\right]+G_k+-\rho\varepsilon \qquad (2-12)$$

2）湍动能耗散率 ε 方程为

$$\frac{\partial(\rho\varepsilon)}{\partial t}+\frac{\partial(\rho\varepsilon u_i)}{\partial x_i}=\frac{\partial}{\partial x_j}\left[(\mu+\mu_t)\sigma_\varepsilon\frac{\partial\varepsilon}{\partial x_j}\right]+C_{1\varepsilon}\frac{\varepsilon}{k}G_k-C_{2\varepsilon}\rho\frac{\varepsilon^2}{k} \qquad (2-13)$$

式中　G_k——湍流动能 k 的产生项。

湍流动能 k 的生成又与平均速度梯度相关，因此推导出 G_k 的数学表达式为

$$G_k=\mu_t\left(\frac{\partial u_i}{\partial u_j}+\frac{\partial u_j}{\partial x_i}\right)\frac{\partial u_i}{\partial x_j} \qquad (2-14)$$

经验常数 $C_{1\varepsilon}$、$C_{2\varepsilon}$ 通常取值为 1.44、1.92；常数 σ_k、σ_ε 通常取值为 1.68。

（2）RNG $k-\varepsilon$ 模型。旋流在紊流中占有重要地位，标准 $k-\varepsilon$ 模型在处理弯曲程度较大的流体中表现不佳，为了弥补这一缺陷，RNG $k-\varepsilon$ 模型在此基础上通过对湍动黏度进行修正，从而可以更好地处理瞬变流与弯曲程度较大的流动状态。RNG $k-\varepsilon$ 模型的控制方程与标准 $k-\varepsilon$ 模型类似，两者的系数取值不同，通常情况 RNG $k-\varepsilon$ 模型应用范围更广。RNG $k-\varepsilon$ 模型中的 k 方程和 ε 方程与标准 $k-\varepsilon$ 模型中的 k 方程和 ε 方程类似，其运输方程可表述如下：

1）湍流动能 k 为

$$\frac{\partial(\rho\varepsilon)}{\partial t}+\frac{\partial(\rho k u_i)}{\partial x_i}=\frac{\partial}{\partial x_j}\left(\alpha_k u_{eff}\frac{\partial\varepsilon}{\partial x_j}\right)+G_k+G_b-\rho\varepsilon-Y_M \qquad (2-15)$$

2）湍流动能耗散率 ε 为

$$\frac{\partial}{\partial t}(\rho\varepsilon)+\frac{\partial}{\partial x_i}(\rho\varepsilon u_i)=\frac{\partial}{\partial x_j}\left(\alpha_s u_{eff}\frac{\partial\varepsilon}{\partial x_j}\right)+C_{1\varepsilon}\frac{\varepsilon}{k}(G_k+C_3G_b)-C_{2\varepsilon}\frac{\varepsilon^2}{k}+S_\varepsilon \qquad (2-16)$$

式中　G_k——平均速度梯度所引起的紊流动能产生项；

　　　G_b——浮升力引起的紊流动能产生项；

　　　Y_M——可压缩紊流动能流动脉动膨胀对总耗散率影响；

　　　u_{eff}——有效黏性系数；

　　α_k、α_s——计算 k、ε 有效 Prandtl 数的倒数；

　　　S_ε——新增项。

S_ε 的表达式为

$$S_\varepsilon=\frac{c_\mu\rho\eta^3\dfrac{1-\dfrac{\eta}{\eta_0}}{1+\beta\eta^3}}{}\frac{\varepsilon^3}{k} \qquad (2-17)$$

式中　η——平均流时间尺度与湍流时间尺度之比；

η_0——η 在剪切流中的典型值，$\eta_0 = 4.38$，$\beta = 0.012$。

式（2-16）可改写为

$$\frac{\partial}{\partial t}(\rho\varepsilon) + \frac{\partial}{\partial x_i}(\rho\varepsilon u_i) = \frac{\partial}{\partial x_j}\left[\alpha_k u_{eff}\frac{\partial\varepsilon}{\partial x_j}\right] + C_{1\varepsilon}\frac{\varepsilon}{k}(G_k + C_{3\varepsilon}G_b) - C_{2\varepsilon}^*\rho\frac{\varepsilon^2}{k_\varepsilon} \quad (2-18)$$

$$C_{2\varepsilon}^* = C_{2\varepsilon} + \frac{C_\mu\eta^3\frac{1-\eta}{\eta_0}}{1+\beta\eta^3} \quad (2-19)$$

式（2-15）～式（2-19）中常数项 $C_{1\varepsilon}$、$C_{2\varepsilon}$ 与 C_μ 均由 RNG 理论得出，其中 $C_{1\varepsilon} = 1.42$，$C_{2\varepsilon} = 1.68$，$C_\mu = 0.0845$。RNG $k-\varepsilon$ 模型可以考虑有旋流动对紊流的影响，因此在漩涡模拟仿真方面，该模型比标准 $k-\varepsilon$ 模型在紊流影响上有更好的反应。

（3）Realizable $k-\varepsilon$ 模型。Realizable $k-\varepsilon$ 模型是在 1995 年 Shih 提出的，可用于不同类型的流动模型，诸如常见的管道流动、射流、边界层流等，Realizable $k-\varepsilon$ 模型中其湍流动能 k 和湍流动能耗散率 ε 可表示为

$$\frac{\partial(\rho k)}{\partial t} + \frac{\partial(\rho k u_i)}{\partial x_i} = \frac{\partial}{\partial x_j}\left[\left(\mu + \frac{\mu_t}{\sigma_k}\right)\frac{\partial k}{\partial x_j}\right] + G_k + G_b - \rho\varepsilon - Y_M + S_k \quad (2-20)$$

$$\frac{\partial(\rho\varepsilon)}{\partial t} + \frac{\partial(\rho\varepsilon u_j)}{\partial x_i} = \frac{\partial}{\partial x_j}\left[\left(\mu + \frac{\mu_t}{\sigma_\varepsilon}\right)\frac{\partial\varepsilon}{\partial x_j}\right] + \rho C_1 S\varepsilon - \rho C_2\frac{\varepsilon^2}{k+\sqrt{\upsilon\varepsilon}} + C_{1\varepsilon}\frac{\varepsilon}{k}C_{3\varepsilon}G_b + S_\varepsilon$$

$$(2-21)$$

其中，$C_1 = \max\left[0.43, \frac{\eta}{\eta+5}\right]$，$\eta = S\frac{k}{\varepsilon}$，$S = \sqrt{2S_{ij}S_{ij}}$，$C_2 = 1.9$，$\sigma_k = 1.0$，$\sigma_\varepsilon = 1.2$，$C_{1\varepsilon} = 1.44$。

（4）标准 $k-\omega$ 模型。标准 $k-\omega$ 模型是基于 Wilcox $k-\omega$ 模型而修改的，包含对低雷诺数效应、压缩、剪切流的修正，可以很好地处理近壁处低雷诺数的数值计算。标准 $k-\omega$ 模型的湍流动能及其耗散率运输方程为

$$\frac{\partial}{\partial t}(\rho k) + \frac{\partial}{\partial x_i}(\rho k u_i) = \frac{\partial}{\partial x_j}\left(\Gamma_k\frac{\partial k}{\partial x_j}\right) + G_k - Y_k \quad (2-22)$$

$$\frac{\partial}{\partial t}(\rho\omega) + \frac{\partial}{\partial x_j}(\rho k u_j) = \frac{\partial}{\partial x_j}\left(\Gamma_\omega\frac{\partial\omega}{\partial x_j}\right) + G_\omega - Y_\omega \quad (2-23)$$

式中　Γ_k——k 的扩散率；

　　　Γ_ω——ω 的扩散率；

　　　Y_k——k 由于湍流导致的耗散；

　　　Y_ω——ω 由于湍流导致的耗散。

Γ_k、Γ_ω 的表达式为

$$\Gamma_k = \mu + \frac{\mu_{t1}}{\sigma_k} \quad (2-24)$$

$$\Gamma_\omega = \mu + \frac{\mu_{t1}}{\sigma_\omega} \tag{2-25}$$

式（2-24）、式（2-25）中，普特朗常数 σ_k、σ_ω 的取值都为 2.0。

μ_{t1} 表示黏性系数，其表达式为

$$\mu_{t1} = \frac{\rho k}{\omega} \frac{1}{\max\left[\frac{1}{\alpha^*}, \frac{SF_2}{\alpha_1\omega}\right]} \tag{2-26}$$

式中　S——应变率的幅度；

　　　F_2——融合项；

　　　α_1——常数；

　　　α^*——低雷诺数下对于湍流黏度的修正系数。

α^* 的表达式为

$$\alpha^* = \alpha_\infty^* \left(\frac{\alpha_0^* + \frac{Re_t}{R_k}}{1 + \frac{Re_t}{R_k}}\right) \tag{2-27}$$

其中，剩余各项的取值分别为：$\alpha_\infty^* = 1$，$Re_t = \frac{\rho k}{\mu\omega}R_k$，$\alpha_0^* = \frac{\beta_t}{3}$，$\beta_t = 0.072$。

需要特别进行说明的是，在高雷诺数条件下的流动问题，α^* 的固定值为 1。G_k、G_ω 都是湍流产生项，表达式分别为

$$G_k = -\rho\overline{\mu_i'\mu_j'}\frac{\partial\mu_j}{\partial x_i} = \mu_t S^2 \tag{2-28}$$

$$G_\omega = \alpha\frac{\omega}{k}G_k \tag{2-29}$$

其中 $\alpha = \frac{\alpha_\infty}{\alpha^*}\left(\frac{\alpha_o + \frac{Re_t}{R_\omega}}{1 + \frac{Re_t}{R_\omega}}\right)$，$R_\omega = 2.95$。

Y_k、Y_ω 代表着两种湍流产生项所对应的湍流耗散项，计算式为

$$Y_k = \rho\beta^* f_{\beta}.k\omega \tag{2-30}$$

$$Y_\omega = \rho\beta f_{\beta}k\omega^2 \tag{2-31}$$

（5）SST $k-\omega$ 模型。SST $k-\omega$ 模型基于标准 $k-\omega$ 模型原理在计算过程中考虑了湍流剪切力对于湍流黏度的影响产生的一种变体。SST $k-\omega$ 模型在 ω 方程中包含阻尼交叉扩散导数项，从而可以提高对逆压梯度流的计算精度。该模型的输运方程为

$$\frac{\partial(\rho k)}{\partial t} + \frac{\partial(\rho k u_i)}{\partial x_i} = \frac{\partial}{\partial x_j}\left[\Gamma_k\frac{\partial k}{\partial x_j}\right] + G_k - Y_k \tag{2-32}$$

$$\frac{\partial(\rho\omega)}{\partial t}+\frac{\partial(\rho\omega u_i)}{\partial x_i}=\frac{\partial}{\partial x_j}\left[\Gamma_\omega\frac{\partial k}{\partial x_j}\right]+G_\omega-Y_\omega+D_\omega \qquad (2-33)$$

式中的湍流黏度 μ_i 可由下式定义：

$$\mu_i=\frac{\rho k}{\omega}\frac{1}{\max\left(\frac{1}{\alpha^*},\frac{SF_2}{\alpha_1\omega}\right)} \qquad (2-34)$$

Γ_ω、Γ_k 的含义与标准 $k-\omega$ 模型一致，但是普朗特常数 σ_k 以及 σ_ω 的取值都不再为常数，而是分别依据下式进行定义：

$$\sigma_k=\frac{1}{\dfrac{F_1}{\sigma_{k,1}}+\dfrac{1-F_1}{\sigma_{k,2}}} \qquad (2-35)$$

$$\sigma_\omega=\frac{1}{\dfrac{F_1}{\sigma_{\omega,1}}+\dfrac{1-F_1}{\sigma_{\omega,2}}} \qquad (2-36)$$

F_1、F_2 表达式为

$$F_1=\tanh(\Phi_1^4) \qquad (2-37)$$

$$F_2=\tanh(\Phi_2^2) \qquad (2-38)$$

式（2-37）、式（2-38）中的各参数表达式如下：

$$\Phi_1=\min\left[\max\left(\frac{\sqrt{k}}{0.09\omega y},\frac{500\mu}{\rho y^2\omega}\right),\frac{4\rho k}{\sigma_{\omega,2}D_\omega^+y^2}\right] \qquad (2-39)$$

$$\Phi_2=\max\left[\left(\frac{\sqrt{k}}{0.09\omega y},\frac{500\mu}{\rho y^2\omega}\right),\frac{4\rho k}{\sigma_{\omega,2}D_\omega^+y^2}\right] \qquad (2-40)$$

$$D_\omega^+=\max\left(2\rho\frac{1}{\sigma_{\omega,2}}\frac{1}{\omega}\frac{\partial k}{\partial x_j}\frac{\partial\omega}{\partial x_j},10^{-2}\right) \qquad (2-41)$$

G_k、G_ω 为湍流产生项，表达式分别为

$$G_k=\min(G_k,10\rho\beta^\omega k\omega) \qquad (2-42)$$

$$G_\omega=\frac{\alpha_\infty}{\nu_t}G_k \qquad (2-43)$$

$$\alpha_\infty=F_1\partial_{\infty,1}+(1-F_1)\partial_{\infty,2} \qquad (2-44)$$

$$\alpha_{\infty,1}=\frac{\beta_{i,1}}{\beta^*}-\frac{k^2}{\sigma_{\omega,1}\sqrt{\beta^*}} \qquad (2-45)$$

$$\alpha_{\infty,2}=\frac{\beta_{i,2}}{\beta^*}-\frac{k^2}{\sigma_{\omega,2}\sqrt{\beta^*}} \qquad (2-46)$$

Y_k、Y_ω 代表着两种湍流产生项所对应的湍流耗散项，表达式为

$$Y_k=\rho\beta^*k\omega \qquad (2-47)$$

$$Y_\omega = \rho\beta\omega^2 \tag{2-48}$$

其中，常数项取值分别为 $\sigma_{k,1} = 1.176$，$\sigma_{\omega,1} = 2.0$，$\sigma_{\omega,2} = 1.168$，$\alpha_1 = 0.31$，$\beta_{i,1} = 0.075$，$\beta_{i,2} = 0.0828$，$\beta^* = 0.09$。

2. 雷诺应力模型

雷诺应力模型（RSM）在不使用涡黏系数的假设的基础上在流体域内求解雷诺应力输运方程。雷诺应力输运方程是用来求解每个应力分量的。当流动为没有系统旋转和不可压缩时，雷诺应力输运方程的表达式为

$$\frac{\partial}{\partial t}R_{ij} + \bar{u}_k\frac{\partial}{\partial x_k}R_{ij} = \frac{\partial}{\partial x_k}\left(\frac{v_t}{C_k}\frac{\partial}{\partial x_k}R_{ij}\right) + \left(\overline{u_i'u_k'}\frac{\partial \bar{u}_j}{\partial x_k} + \overline{u_j'u_k'}\frac{\partial \bar{u}_i}{\partial x_k}\right) -$$
$$C_1\frac{\varepsilon}{k}\left(R_{ij} - \frac{2}{3}\delta_{ij}k\right) - C_2\frac{\varepsilon}{k}\left(R_{ij} - \frac{2}{3}\delta_{ij}P\right) - \frac{2}{3}\sigma_{ij}\varepsilon \tag{2-49}$$

$$k = \frac{1}{2}\overline{u_i'u_i'} \tag{2-50}$$

$$\frac{\partial \varepsilon}{\partial t} + \bar{u}_j\frac{\partial \varepsilon}{\partial x_j} = \frac{\partial}{\partial x_j}\left[\left(v + \frac{v_t}{C_k}\right)\frac{\partial \varepsilon}{\partial x_j}\right] - C_3\frac{\varepsilon}{k}R_{ij}\frac{\partial \bar{u}_i}{\partial x_j} - C_4\frac{\varepsilon^2}{k} \tag{2-51}$$

式中　　　　　t——时间；

v_t——湍流黏性；

$\bar{u}_i$——平均速度；

R_{ij}——雷诺应力张量；

u_i'——i 方向上的脉动速度；

C_k、C_1、C_2、C_3、C_4——经验常数；

k——湍流动能；

ε——湍流动能耗散率。

在求解各分量的输运方程时，若采用雷诺应力模型，则方程数目较多，有较大的精确性，可以准确考虑各向异性效应，单对计算机内存要求较高，计算所需时间较长。

2.1.3.2 大涡模拟

大涡模拟（LES）是介于直接数值模拟方法（DNS）与雷诺平均法（RANS）之间的一种紊流数值模拟方法。湍流流动包含许多大大小小的涡，其中最大涡流的大小与平均流动的特征长度大小相当，所以大尺度涡对平均流动影响较大，动量、质量、能量等主要通过大涡传递，同时大涡受流动几何形状和边界条件的影响更大，表现出更强的各向异性。雷诺平均方法通过对 N‐S 方程进行平均化，再利用雷诺应力的封闭模式对湍流场进行求解，可以大幅度降低数值求解 N‐S 方程的计算量，但该方法

只能获得湍流场的时间平均量,无法提供湍流场的脉动信息。因此 LES 方法旨在用非稳态的 N‑S 方程模拟大尺度涡,但不直接计算小尺度涡,小涡对大涡的影响通过近似模型来考虑,这种影响可以用一个紊流黏性系数来描述。在数值模拟紊流运动时,只计算比网格尺寸大的漩涡,通过纳维斯托克斯方程直接算出来,小尺度涡则可以用一个模型来表现出来,仅起到耗散作用,它们几乎是各向同性的。

　　大涡数值模拟的基本思想是直接计算大尺度脉动,用近似模型计算小尺度脉动,实现大涡数值模拟最重要的就是将直接大尺度脉动和小尺度脉动分离,其中直接计算的大尺度脉动通常被称为可解尺度脉动,需通过模型封闭的小尺度脉动被称为亚格子尺度或不可解尺度。

　　在大涡模拟方法中,首先建立一个滤波函数,将流体的瞬态变量分为两个部分,即大尺度的平均分量和小尺度分量,将纳维斯托克斯方程作过滤,得到如下的方程:

$$\frac{\partial \overline{u_i}}{\partial t} + \frac{\partial \overline{u_i u_j}}{\partial x_i} = -\frac{1}{\rho}\frac{\partial \overline{p}}{\partial x_i} + v\frac{\partial^2 \overline{u_i}}{\partial x_j \partial x_j} - \frac{\partial \overline{\tau_{ij}}}{\partial x_j} \qquad (2-52)$$

$$\frac{\partial \overline{u_i}}{\partial x_j} = 0 \qquad (2-53)$$

　　其中,$\overline{\tau_{ij}} = \overline{u_i}\,\overline{u_j} - \overline{u_i u_j}$,$\overline{\tau_{ij}}$ 称为亚格子应力(SGS),代表小尺度涡对求解运动方程的影响,是过滤掉的小尺度脉动和可解尺度紊流间的动量输运。由于无法同时求出 $\overline{u_i}$ 和 $\overline{u_i u_j}$,必须构造亚格子应力的封闭模式。含有亚格子应力项 ij 的动量方程[式(2‑52)]仍处于不封闭状态,需要构造亚格子模型使动量方程封闭后才能进行求解。目前,构造大涡模拟亚格子模型的方式主要有两种:一种是将亚格子应力通过可解尺度的物理量以代数方程形式进行表示,这种处理方式的优点是亚格子模型较为简单,数值求解的计算量不会显著增加。比较常用的以代数形式表达的亚格子模型有Smargorinsky 模型、动力 Smargorinsky 模型(Dynamic Smagorinsky Model,DSM)、壁面自适应模型(Wall Adapting Local Eddy Viscosity Model,WALE)、相干结构模型(Coherent Structures Model,CSM)等;另一种是将亚格子应力相关的物理量以输运方程形式进行表达,根据被输运的亚格子物理量种类的数量,又可分为一方程模型和两方程模型,一方程模型只输运亚格子湍流动能,亚格子湍流动能耗散率通过亚格子动能产生和耗散的局部平衡假定加以考虑,两方程模型同时输运亚格子湍动能和耗散率。虽然方程形式亚格子模型对可解尺度和亚格子尺度湍流之间的能量输运考虑更加完善,但是方程形式亚格子模型对计算域的网格质量要求较高,且数值求解的计算量大幅度增加,因此在实际的工程实践中应用较少。

　　比较常用的模式是采用涡黏性概念假设,即

$$\overline{\tau_{ij}} = \overline{u_i}\overline{u_j} - \overline{u_i u_j} = 2v_t \overline{S_{ij}} - \frac{1}{3}\overline{\tau_{kk}}\delta_{ij} \qquad (2-54)$$

$$v_t = (C_s \Delta)^2 (\overline{S_{ij}} \overline{S_{ij}})^{1/2}$$

式中　v_t——亚格子涡黏系数；

　　　Δ——过滤尺度；

　　$C_s\Delta$——混合长度；

　　　C_s——Smagorinsky 常数。

这种简单的亚格子模型称为 Smargorinsky 模型。

2.2　数值模拟软件平台

2.2.1　数值模拟

数值模拟（Numerical Simulation）又称为计算机模拟，是一种依靠电子计算机的模拟技术，主要结合有限元或有限容积的概念，通过数值计算和图像显示的方法，达到对工程问题和物理问题乃至自然界各类问题研究的目的。其过程为：首先要建立反映问题（工程问题、物理问题等）本质的数学模型，其次建立反映问题各量之间关系的微分方程及相应的定解条件，最后选取计算方法进行高效、精确计算。

目前由于数值求解方法在理论上不够完善，而所求解的问题比较复杂，因此需要通过大量的实验来加以验证。

2.2.2　Flow - 3D 软件介绍

Flow - 3D 是一个模拟流体复杂运动的软件，由前处理器、求解器及后处理器组成，详细的分析流程如下：

（1）前处理：将建模出的 3D 实体模型离散产生分析网格，将数值模拟过程给予分析所需之材料性质、边界条件及初始值等。

（2）分析：相关资料输入完毕之后，则由电脑执行数值模拟分析，计算流场相关资讯。

（3）后处理：将计算所得结果以各种方式显示流场之相关性质，如调取流场资料、彩色显示流场资讯或动画显示流场资讯；例如流体充填模穴的顺序、速度场分布、压力场分布等资料。

流体运动可以用非线性、瞬态以及二阶微分方程进行表述，为了描述这些运动，必须采用流体运动方程，而这些方程的一些数值解先用代数表达式求解各种项，然后求解得到方程组，给出原问题的近似解，这个过程叫作模拟。Flow-3D 软件可以模拟几种不同的模式运行，对应于一般流体方程的不同极限情况。例如，一种模式用于可压缩流情况，另一种模式用于不可压缩流情况，在不可压缩流的情况下，可以把流体的密度、体积与质量等假定为常系数，不去另做计算。此外，自由表面还可以包含在一种流体不可压缩模式中。

Flow-3D 软件的高级别网格划分功能有别于其他类型的网格划分技术，它是拥有较强的自动识别性、敏捷性和效率高效性的区域化网格划分技术。常用的网格类型有有限差分网格、真实体积网格等，当不能清楚表示出模拟模型时，需要对不清晰的部位进行局部网格加密，而局部的网格加密会使网格的总体数量增加。但是使用高等网格划分功能的优点也很突出，它可以迅速地完善局部的不清晰程度，使模型准确地被模拟出来。Flow-3D 软件的网格划分方法是把诸如高效性、自动识别性、灵活性、准确性等优势结合起来的一种高等级网格划分方法。因为网格和几何形状可以被自由地变换，每个都是独立的，该方法被称为"自由网格法"。该项功能是去除了许多繁杂琐碎的网格划分任务以及网格生成的工作。Flow-3D 软件通常是利用矩形网格去操控单元网格，因为矩形网格具有易生成网格性以及具有更加完善的性能，比如有更高的精确度、对计算机内存要求不高以及运算收敛性较好。Flow-3D 软件还可以模拟出诸如自由流动液面、流体的约束性问题等，而且还可以分析出所有对流结果，热传导结果及相变结果等。软件中物理模型面板显示 Flow-3D 的各种模拟能力，如流固作用，可压缩流，气泡动力，静电场，变化密度及耦合粒子动力。

无论是在计算流体动力学（CFD）解题计算技巧、实务问题的模拟与计算结果的准确度上皆受到使用者的赞誉与嘉许。其特有的 FAVOR（Fractional Area-Volume Obstacle Representation）技巧和针对自由液面描述的 True-VOF 方法为常用的金属压铸与水力学等复杂问题提供了更高精度、更高效率的解答，而且该软件由于具有完整的理论基础与数值结构的优点，可以满足本次研究对于数值仿真计算的需要。

Flow-3D 软件处理流动的流体表面不同于其他 CFD 软件。许多涉及液体和气体流动的计算可以被理想化地称为"自由表面"流动，将气体作为均匀压力和温度的区域来分析，从而使气体的动力压能得到释放。在自由表面计算中，Flow-3D 软件确定流体作为流体分数函数为非零的区域，自由表面的计算必须包含流体分数为零的域，每个这样的区域被称为"无效区域"，无效区域可以通过流体区域、障碍物或挡板彼此分离，这些区域实际上代表了被气体占据的体积。VOF 方案算法并不能解决这些区域内气体的动力学问题，相反，把它们当作均匀压力的区域，压力被用作液体/气体界面的边界条件。

Flow-3D 软件具有所有成功追踪模拟自由液面的要素。其中包括超越原来的 VOF 方法的重要改进，提高边界条件和界面跟踪的精确度，称为 Tru-VOF。Tru-

VOF 方法提高边界条件及界面跟踪的精确度，可以准确地追踪自由液面问题，求解的速度非常快，采用的是单相流体 VOF 体积法运算，其他的 True - VOF 方法均在边界的界面处有扩散形成，并且过度地预判估计了掺入气体的含量，使得求解的速度非常缓慢，采用的是双相流体 VOF 体积法运算。VOF（Volume of Fluid）原理图如图 2 - 1 所示，主要是通过构造网格单元中流体体积和网格体积比的函数来追踪每个单元内流体的变化，并确定自由面。在同一个单元中，水、气体或者两者的混合体具有相同的速度，即服从同一组动量方程，但它们的体积分数在整个流场中都作为单独变量。在每个单元中，水和气的体积分数为 1。如果 α_ω 表示水的体积分数，则气的体积分数 α_a 可表示为

$$\alpha_a = 1 - \alpha_\omega \qquad (2 - 55)$$

在一个控制单元中：

当 $\alpha_a = 0$ 时，则说明该单元全部充满流体；

当 $\alpha_a = 1$ 时，则说明该网格为空网格；

当 $0 < \alpha_a < 1$ 时，则说明该单元存在自由水面。

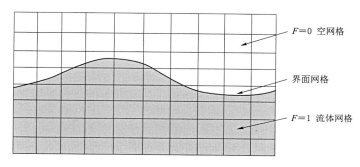

图 2 - 1 VOF 原理图

只要流场中各处的水和气的体积分数都已知，所有其他水和气共有的未知量和特性参数都可用体积分数的加权平均值来表示。所以在任意给定的单元中，这些变量的特性参数代表水或气，或者代表两者的混合，水的体积分数 α_ω 的控制微分方程为

$$\frac{\partial \alpha_\omega}{\partial t} + u_i \frac{\partial \alpha_\omega}{\partial x_i} = 0 \qquad (2 - 56)$$

式中 u_i、x_i——速度分量与坐标分量；

　　　t——时间。

水气界面的跟踪即通过求解该连续方程来完成，从式（2 - 56）可以看出，水的体积分数 α_ω 与时间和空间都有关系，是时间和空间坐标的函数。因而 VOF 两相流模型对水流流场的求解需要采用瞬态求解，即非恒定流过程，通过对时间的逐步迭代法求解最终达到稳定。VOF 两相流模型对自由水面的具体位置采用几何重建格式来确

定，它采用分段线性近似的方法来表示自由水面，在每一个单元中，水气交界面是具有不变斜率的斜线段，并用此线性分界面形状来计算通过单元面上的流体通量。根据每个单元的体积分数及其偏微分，线性的水气交界面相对于每一个部分充满的。单元中心的位置就可以计算出来，从而确定其具体位置。

2.2.3　边界条件

通常控制方程的解有无穷多，因此对于所研究的具体物理现象必须同时给定起约束作用的边界条件。数值边界大体分为三类：第一类是狄利克雷（Dirichlet）边界条件，设定边界的赋值随时间变化；第二类是纽曼（Neumann）边界条件，它设定边界的梯度值，间接给边界赋值，三维条件下的梯度为边界法线方向的导数；第三类是结合第一、二类边界条件的一种边界条件，它规定了边界数值与边界法向导数数值的某种线性关系。

Flow－3D 软件中提供 10 种不同的边界条件，其中包括：

（1）对称边界条件 S（Symmetry boundaries）。

（2）壁面边界条件 W（Wall boundaries）。

（3）连续边界条件 C（Continuative boundaries）。

（4）周期边界条件 Pd（Periodic boundaries）。

（5）压力边界条件 P（Specified pressure boundaries）。

（6）速度边界条件 V（Specified velocity boundaries）。

（7）网格边界条件 G（Grid overlay boundaries）。

（8）自由出流边界条件 O（Outflow boundaries）。

（9）波动边界条件 WV（Wave boundaries）。

（10）流量边界条件 Vfr（Volumetric flow rate boundaries）。

在计算域内的流动是由边界条件驱动的，从某种意义上说，求解实际问题的过程就是将边界线或边界面上的数据，扩展到计算域内部的过程，数值模拟过程中迅速发散的一个最常见的原因就是边界条件选择不合理。因此，提供符合物理实际而设定的边界条件是极其重要的。以下介绍其中常用的六种边界条件。

1. 对称边界条件 S

对称边界条件中没有跨边界流出，对称面法向的变化率为 0，法向速度 u_n 也设置为 0，同时没有剪应力。可以用来描述黏性流动中的滑移壁面，存在对称性的几何体时应用此边界条件一定能较大程度减少模拟时间，属于第一类边界条件。法向变化率表达式为

$$\frac{\partial \phi}{\partial n} = 0 \qquad (2-57)$$

2. 壁面边界条件 W

壁面边界条件上没有跨边界流出，有加热项时可指定湿度或电源，有黏性应力要求时需指定黏度，在黏性流动中满足无滑移边界条件，壁面的各方向分量速度均为 0，紊流动能 k 为 0，属于第一类边界条件。速度 $u_x = u_y = u_z = 0$，采用壁函数法，将摩阻流速表示为

$$u_0 = \frac{k u_\omega}{\ln \dfrac{z_\omega}{z_d}} \qquad (2-58)$$

式中　z_ω——靠近固壁的单元中心至固壁的距离；

z_d——固壁的绝对糙度；

u_ω——该单元平行于固壁的速度分量。

紊流动能 k 和湍动能耗散率 ε 分别表示为

$$k = \frac{u_0^2}{\sqrt{c_\mu}} \qquad (2-59)$$

$$\varepsilon = \frac{u_0^3}{k z_\omega} \qquad (2-60)$$

3. 压力边界条件 P

压力边界条件既可作为入流边界也可作为出流边界，属于第一类边界条件，给边界上的总压和静压设置一个规定值，该值可以固定或是随时间变化。

$$p(x, t) = P_0 \qquad (2-61)$$

4. 速度边界条件 V

速度边界条件是一种入口边界条件，属于第一类边界条件，规定了速度在空间三个方向的分量值，可以是常量也可随时间变化，其结构是统一越过整个边界，它更适用于当用挡板或几何封闭边界元件。通常速度边界条件设置中还包括水和空气的体积分数、流体高度、湍耗散率。

$$u(x, t) = U_0 \qquad (2-62)$$

5. 自由出流边界条件 O

出流边界条件多为出口边界条件，属于第二类边界条件，在流场得到充分发展，紊流达到平衡时，出流降低到初始条件的稳定状态，其速度和压力在求解前均未知。

出流边界条件不允许注入，因而没有表面高度设置。出口断面为

$$\frac{\partial \phi}{\partial t} + \frac{\partial \phi}{\partial x_i} = 0 \qquad (2-63)$$

式中　ϕ——要辐射的变量，如流速、流体和空气的体积分数等。

6. 波动边界条件 WV

波动生成边界条件可指定线性波浪进入流域，但只能沿着 x、y 方向的界限，可根据需要设定波浪的振幅、波长、周期、平均液面高度和相移等参数值，属于第一类边界条件。

2.2.4　网格划分

在 Flow-3D 软件中最基本的网格是一个单块网格，即只有一个网格块用于定义域，它是一个在各个方向上都有统一单元大小的网格。在每个坐标方向上，需要两个网格平面来定义网格的范围，如果没有指定其他网格平面，网格将是统一的；如果在域内指定额外的网格平面，网格可能是不均匀的。域内的网格平面可以与指定的相邻单元格大小或网格平面与下一个指定网格平面之间的单元数相关联。

对于相邻或重叠块的网格如何在边界上匹配，没有特定的要求或限制。然而，在块间数据传输算法中采用的插补方法引入了插值截断误差，这些误差是每个空间插值算法不可避免的组成部分。在求解的离散时间内发生插值，增加了额外的时间离散化截断误差。这些错误通常很小，但如果在边界附近的流动有较大的空间和时间变化，可能会变得很重要。

图 2-2 为 Flow-3D 特有的 FAVOR（Fractional Area/Volume Obstacle Representation）技术与传统 FDM（Finite Difference Method）技术之间的对比示意图，从图中可以看出对于同样的几何模型，用传统 FDM 技术需要多层网格，才能大体表示出几何形状。而用 FAVOR 技术只需要三层网格即可达到相同效果。

Flow-3D 软件中网格密度对几何解析度所形成的影响：想要模拟一个几何的组成至少需要一个网格点，几何角点如果是在网格中间，它就无法完整的显示出来，面积主要根据网格线性分布。因此网格基本设定：采用均匀网格格式，纵横比建议不要超过 3.0，网格划分好后，通过 FAVOR 技术检查网格是否完整解析出几何，如果几何形状与实际相差很大，则需要对网格进行加密重新解析。

默认情况下，Flow-3D 软件自动调整时间步长，使其尽可能大，不超过任何稳定性限制，影响精度或增加强制执行连续性条件所需的工作量。这需要对时间步长进行一些额外的控制以帮助处理某些收敛情况，主要控制有：

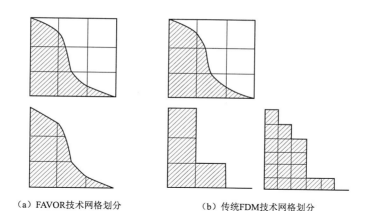

（a）FAVOR技术网格划分　　　　　（b）传统FDM技术网格划分

图 2-2　FAVOR 技术与传统 FDM 技术的对比

（1）初始时间步长：初始计算周期的时间步长，通常用于在初始的计算周期中帮助求解压力求解器的收敛性。

（2）最小时间步长：在求解器中止模拟之前允许的最小时间步长，它是表示一个模拟的实用性的度量。

（3）最大时间步长：除了稳定性标准施加的限制外，它指定了时间步长的最大值，这主要用于确保在使用黏性应力求解器选项和其他显式/隐式求解器选项中描述的隐式解决方案时，确保足够的时间精度。

第 3 章

典型倒虹吸建筑物现场调研与实测分析

3.1 现场调研

南水北调中线工程大流量输水期间，部分倒虹吸工程在闸门全开工况下，出口处出现了规律性的"噗、噗"异响声，同时，在倒虹吸出口的两个尾墩墩后，均出现了呈对称分布的漩涡带，在出口闸室段形成了周期性水位波动现象。针对这一工程实际问题，本次共选取了14座（河北段2座，河南段12座）出现异响及水位异常波动的倒虹吸工程进行调研统计（表3-1）。

3.2 现场实测

3.2.1 实测任务

对于本研究而言，现场测量起着极其重要的作用。测量数据的准确与否，直接决定了模型建立和计算的精确度，拥有足够准确的实测数据能够有效地推动研究进展，本次测量的主要任务如下：

（1）首先对南水北调中线工程中发生异响的典型倒虹吸进口及出口断面的流速、水深进行测量。

（2）对倒虹吸产生波动及异响的原因进行现场询问与调研。

（3）采用无人机对发生异响倒虹吸的进口及出口断面拍摄视频及图片。

（4）获得本次测量所需的水位波动、流速、水深及流量变化等实测数据，并对数据进行整理分析。

（5）然后通过实测数据绘制流速分布图，分析发生异响的倒虹吸沿程水位波动变化。

3.2.2 现场实测方案

1. 测量设备

采用铅鱼＋旋桨流速仪的方式对倒虹吸进出口流速进行测量。测量倒虹吸进口流

表3-1　　出现异响及水位异常波动的倒虹吸工程调研统计表

序号	倒虹吸名称	所属管理处	现场情况	调研方式	异响	现象描述	水情数据	波动幅值
1	应河倒虹吸	宝丰管理处	—	电话调研	有	应河倒虹吸出口断面水位129.78m，流量284.59m³/s，流速1.07m/s，闸门全开时，发生异响现象	流量284.59m³/s，水位129.78m	中孔波动幅值约为0.40m，边孔波动幅值0.2m
2	沁河倒虹吸	温博管理处	—	电话调研	有	现场过闸流量达到150m³/s时，沁河倒虹吸开始出现轻微的顶板，水流拍打倒虹吸箱涵的现象，此时三孔闸门均处于全开状态。此时沁河倒虹吸出口断面水位约为106.04m，瞬时流量151.64m³/s（取济河节制闸的流量），流速0.84m/s	瞬时流量151.64m³/s，出口断面水位约为106.04m，流速0.84m/s	中孔波动幅值约为0.30m，边孔波动幅值0.15m
3	山庄河倒虹吸	卫辉管理处	中孔闸门全开时，出口尾墩释放出交替脱落的漩涡，漩涡频率约为5.4s，中孔闸门入水，中孔尾墩后卡门涡街消失	现场实测、座谈	有	闸门全开情况下，闸后水位剧烈波动，出现剧烈的波动现象，中孔较边孔异响，将闸门入水80cm后，异响现象明显消除	6月11日现场测量流量为263m³/s，8月25日现场测量流量为234m³/s	中孔波动幅值约0.9m，边孔波动幅值约0.6m
4	十里河倒虹吸	卫辉管理处	中孔闸门全开时，出口尾墩出现对称的卡门涡街，频率约为5.4s，中孔闸门入水，尾墩后卡门涡街消失，中孔异响消失	现场实测、座谈	有	闸门全开情况下，闸后水位剧烈波动，出现波动现象，中孔较边孔异响明显，其中中孔闸门入水80cm后，异响现象消除	闸后水位98.51m，闸后水深7.14m，中孔闸门开度为6008mm	中孔波动幅值约0.9m，1号孔波动幅值约0.5m，3号孔波动幅值约0.45m
5	沧河倒虹吸	卫辉管理处	中孔闸门全开时，出口尾墩释放的漩涡带，中孔出现异响，中孔闸门入水，尾墩后卡门涡街消失，异响现象消失	现场实测、座谈	有	闸门全开情况下，出现异响现象，中孔较边孔异响剧烈，边孔相对平静，将闸门入水80cm后，异响现象消除	—	中孔波动幅值约0.9m，边孔波动值约0.5m

续表

序号	倒虹吸名称	所属管理处	现场情况	调研方式	异响	现象描述	水情数据	波动幅值
6	淇河倒虹吸		节制闸闸门全入水，出口尾墩的卡门涡街基本消失，无异响	现场实测、座谈	无	大流量、高水头时（尤其北风风力较大观时），倒虹吸出口曾出现异响，一般中孔的表现更剧烈	瞬时流量233m³/s，闸前水深7.26m，闸后水深7.26m	现场观测倒虹吸出口基本无波动
7	赵家渠倒虹吸	鹤壁管理处	中孔闸门全开时，出口尾墩出现对称的卡门涡街，涡街频率约为5.4s，中孔出现异响	现场实测、座谈	有	赵家渠控制闸进口无水位计，其上游最近水位处于衰庄分水口闸前水位，发生异响现象前其水位处于持续上涨状态。大流量、高水头时（尤其北风风力较大时），倒虹吸出口曾出现异响，一般中孔较为严重	闸后水位96.84m，闸后水深7.35m，三孔闸门全开	出口中孔波动值0.85m，边孔波动值0.45m
8	思德河倒虹吸		现场实测时思德河中孔闸门开度为6306mm，闸后水深7.30m。出口尾墩卡门涡街，波动幅值较小（但声音弱），进口闸闸墩处为双圆弧形，进口处有轻微波动	现场实测、座谈	有	思德河控制闸进口无水位计，其上游最近水位处于三里屯电站分水口闸前水位，发生异响现象其水位处于持续上涨状态（特别是北风风力较大时），倒虹吸出口曾出现异响，一般中孔较为强烈	闸后水位96.54m，中孔闸门开度为6306mm	出口中孔波动值0.35m，边孔波动值0.15m，进口中孔波动值0.20m，边孔波动值0.10m
9	魏庄河倒虹吸		中孔闸门全开时，出口尾墩出现对称的卡门涡街，涡街频率约为5.4s，中孔出现异响	现场实测、座谈	有	魏庄河控制闸进口无水位计，其上游最近水位处于三里屯电站分水口闸前水位，发生异响现象其水位处于持续上涨状态。大流量、高水头时（当风北风风力较大时），倒虹吸出口曾出现异响，一般中孔的表现更突出	闸后水位96.04m，闸后水深7.22m，三孔闸门全开	出口中孔波动值0.95m，边孔波动值0.55m

续表

序号	倒虹吸名称	所属管理处	现场情况	调研方式	异响	现象描述	水情数据	波动幅值
10	姜河倒虹吸	汤阴管理处	中孔闸门入水，闸门开度5904mm，闸后水深7.26m。出口闸墩后卡门涡衔较弱，中孔有异响但声音较小	现场实测、座谈	有	大流量、高水位运行时，倒虹吸出口中孔会出现异响现象，随着流量的加大异响现象加重	闸后水位94.30m，闸后水深7.27m，中孔闸门门开度为5904mm	出口中孔波动幅值0.30m，边孔波动幅值0.15m
11	永通河倒虹吸		现场实测时永通河中孔闸门入水，闸门开度为7.33m，闸后水深6016mm，出口闸墩后卡门涡衔，波动幅值小，中孔有异响声音较小	现场实测、座谈	有	倒虹吸出口中孔在大流量、高水位运行状态下，会发出异响声音随着流量增大而加大	闸后水位95.38m，闸后水深7.33m，中孔闸门门开度为6019mm	出口中孔波动幅值0.20m，边孔波动幅值0.10m
12	安阳河倒虹吸	安阳管理处	—	电话调研	有	安阳河2号节制闸闸门倒虹吸入水深度小于50cm，输水流量高于220m³/s时，会发生异响现象	输水瞬时流量为220m³/s，中孔闸门开度为0.5m	出口中孔波动幅值0.50m，边孔波动幅值0.25m
13	金河倒虹吸	石家庄管理处	—	现场询问	无	无异响，进口水位稳定，出口水位波动较大，中孔在0~40cm范围内上下浮动，边孔在0~20cm范围内上下浮动。只在5月6、7日有波动情况，其他时间时水位平稳，无波动情况	—	出口中孔波动幅值0.30m，边孔波动幅值0.15m
14	抬头沟倒虹吸		—	现场询问	无	无异响，水位波动较大，中孔波动较大，在0~60cm范围内上下浮动，边孔在0~20cm范围内上下浮动。大流量输水以来，水位波动一直存在	—	出口中孔波动幅值0.45m，边孔波动幅值0.25m

速时，将铅鱼与旋桨流速仪置于钢绞线末端，上端通过卡扣与进口检修闸电动葫芦连接，通过控制电动葫芦将旋桨流速仪放至测点位置，即可测得该点的流速，现场实测如图3-1所示。

旋桨流速仪（图3-2）的工作原理主要是通过感应螺旋桨将单位面积的水流流速转换成螺旋桨的转速，根据说明书上公式计算出一定时间内测点的平均流速，即可在读数设备上读取所测测点流速。铅鱼（25kg）如图3-3所示，测量时旋桨流速仪应放置在铅鱼前端。悬挂25kg铅鱼，钢绞线直径应大于5mm，需要长度至少9m的钢绞线。

图3-1 现场实测

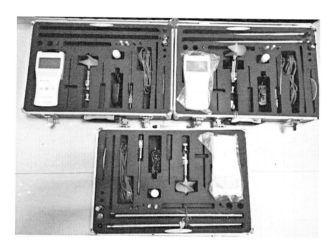

图3-2 旋桨流速仪

水深测量设备：本次对于倒虹吸进口及出口断面水深测量采用卷尺悬挂铅锤的方式，通过测量水面距离倒虹吸进口及出口顶部的距离，根据倒虹吸设计图纸，计算出该处水深。

2. 测点选取与布置

测点与断面的选取：由于倒虹吸管身段处于地下，只有进口和出口两个断面便于测量，因此共计测两个断面，每个断面包含三孔，计划测量水深时在每

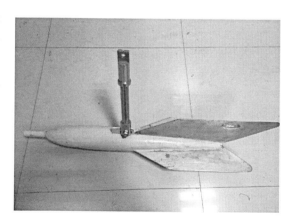

图3-3 铅鱼（25kg）

孔两侧（距离边壁0.5m）加中间各测一次，共确定9个测点，计算得出断面平均水深，合计18个测点。测量流速时与水深测点一致，每孔设定3个测点，采用5点法对每个测点分别测量5个不同水深的流速，并记录。山庄河倒虹吸测点布置图（顺水

流方向）如图 3-4 所示。

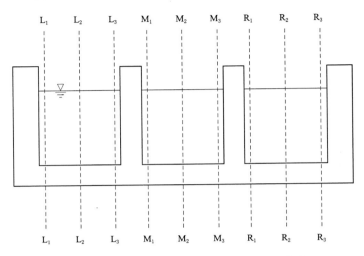

图 3-4　山庄河倒虹吸测点布置图（顺水流方向）

根据测水深时设定的两个断面来测量流速，采用铅鱼＋旋桨流速仪的方式对倒虹吸进出口流速进行测量。

图 3-5 展示了现场实测工作情况。测量倒虹吸进口流速时将铅鱼与旋桨流速仪置于钢绞线末端，上端通过卡扣与进口检修闸电动葫芦连接，通过控制电动葫芦将旋桨流速仪放至测点位置，即可测得该点的流速。倒虹吸进口断面包含 3 个孔，每孔宽 7m，每孔设定 3 个测点，每个测点分别测量 5 个不同水深的流速，测点距离水面深度分别为 $0h$、$0.2h$、$0.6h$、$0.8h$、$1.0h$，其中 h 表示正常水深，（可根据现场实际情况适当修改测点）。

测量倒虹吸出口流速时，将铅鱼与旋桨流速仪通过钢绞线与吊钩链接，测点与进口测点一致，但由于出口处水位波动较大，测量困难，可根据现场实际情况适当修改

（a）链接铅鱼

（b）下放铅鱼

图 3-5（一）　现场实测工作情况

（c）测量流速　　　　　　　　　　　　　　　　（d）回收铅鱼

图 3-5（二）　现场实测工作情况

测点。

3.3　实测数据结果

在流速测量过程中，由于旋桨流速仪自身的震动，水流干扰以及参数设置等原因，对每个测点进行实测时应尽量消除误差，所以本次测量每个测点测量时间设置为180s，取180s内的平均数据作为测点的测量数据，以保证测量数据的精确性，消除随机误差和系统误差。

3.3.1　流速实测数据

本次现场实测的主要任务是测量南水北调中线工程卫辉段山庄河倒虹吸、十里河倒虹吸、沧河倒虹吸等十几处典型倒虹吸的流速数据，以下为现场实测流速数据的汇总情况：

1. 山庄河倒虹吸现场测量

在现场测量山庄河倒虹吸进口时（图 3-5），测量时间为 2020 年 8 月 25 日，瞬时流量为 234m³/s，下游水位 98.82m，水深 7.45m。现场实测山庄河倒虹吸进口断面流速时，沿断面从渠道左岸开始布置测点，每孔布置 3 个测点，每个测点测量 5 次不同水深的流速，距离水面深度分别为 0h、0.2h、0.6h、0.8h、1.0h，其中 h 表示正常水深 7.45m。倒虹吸进口断面测点布置如图 3-4 所示。经过对现场实测流速整理，具体实测流速数据见表 3-2。

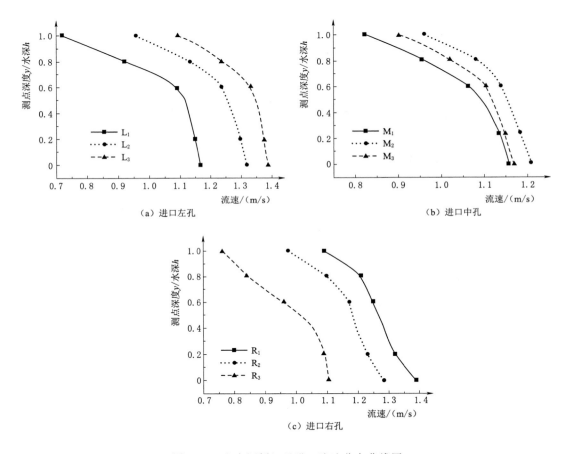

图 3-6　山庄河倒虹吸进口流速分布曲线图

表 3-2				山庄河倒虹吸进口现场实测流速表				单位：m/s	
水深	L_1	L_2	L_3	M_1	M_2	M_3	R_1	R_2	R_3
0h	0.601	0.958	1.092	0.888	0.912	0.908	0.955	0.976	0.759
0.2h	0.855	1.133	1.218	0.971	0.995	1.042	1.082	1.022	0.838

水深	L_1	L_2	L_3	M_1	M_2	M_3	R_1	R_2	R_3
$0.6h$	1.090	1.238	1.373	1.168	1.147	1.176	1.249	1.173	1.084
$0.8h$	1.107	1.298	1.330	1.161	1.203	1.111	1.248	1.231	1.078
$1.0h$	1.167	1.318	1.388	1.209	1.281	1.169	1.390	1.285	1.106

由图 3-6 可知，进口流速随水深的增加而增大。呈现此规律是由于实测断面靠近倒虹吸进口，流线受倒虹吸进口影响，此处的流线分布规律与渠道截然不同，随着水深的增加，在倒虹吸进口处流线变得更加密集，导致流速增大，从而呈现出图 3-6 所示的变化规律。图中中孔最大流速小于边孔最大流速是因为进口处边孔中的水流向中孔翻涌导致中孔排泄不畅，从而使中孔流速降低。

在现场测量山庄河倒虹吸出口时，测量时间为 2020 年 8 月 26 日。现场实测山庄河倒虹吸出口断面流速时，由于水流比较湍急，作业环境不好，故简化测点布置。同样采取五点法测流速，沿断面从渠道左岸开始布置测点，每孔布置 1 个测点，每个测点测量 5 个不同水深的流速，距离水面深度分别为 0m、1.5m、3.0m、4.5m、5.5m。经过对现场实测流速整理，具体实测流速数据见表 3-3。

表 3-3　　　　山庄河倒虹吸出口现场实测流速表　　　　　单位：m/s

水深/m	L	M	R
0	1.349	1.410	1.358
1.5	1.627	1.768	1.685
3.0	1.689	1.829	1.724
4.5	1.732	1.827	1.756
5.5	1.758	1.790	1.774

从图 3-7 可以看出，出口处流速随水深的增大而增大。左右边孔速度相近，中孔流速大于两侧边孔速度，与进口流速分布相比呈现出不同规律。

2. 十里河倒虹吸现场测量

在现场测量十里河倒虹吸进口时，测量时间为 2020 年 8 月 27 日。现场实测十里河倒虹吸进口断面流速时，沿断面从渠道左岸开始布置测点，每孔布置 3 个测点，每个测点测量 5 次不同水深的流速，距离水面深度分别为 $0h$、$0.2h$、$0.6h$、$0.8h$、$1.0h$，其中 h 表示正常水深。十里河倒虹吸进口流速分

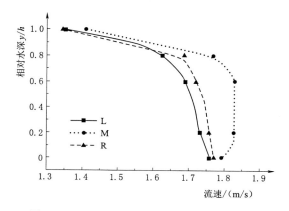

图 3-7　山庄河倒虹吸出口流速分布曲线图

布曲线图如图3-8所示。经过对现场实测流速整理，具体实测流速数据见表3-4。

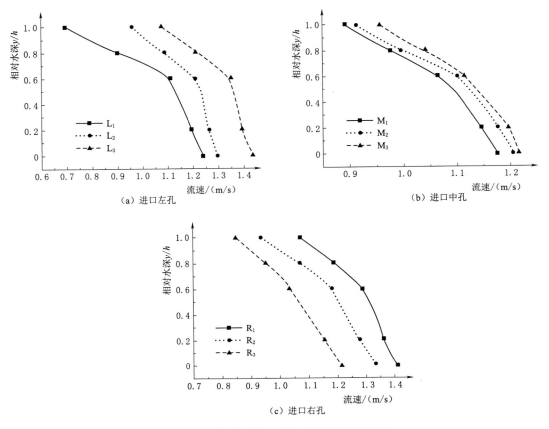

图3-8　十里河倒虹吸进口流速分布曲线图

表3-4　　　　　　　　　　　　十里河倒虹吸进口现场实测流速表　　　　　　　单位：m/s

水深	L_1	L_2	L_3	M_1	M_2	M_3	R_1	R_2	R_3
$0h$	0.593	0.991	1.076	0.891	0.912	0.954	1.069	0.936	0.891
$0.2h$	0.719	1.023	1.121	0.976	0.996	1.041	1.087	0.978	0.868
$0.6h$	1.124	1.222	1.363	1.111	1.145	1.155	1.299	1.212	1.061
$0.8h$	1.165	1.259	1.330	1.145	1.176	1.195	1.320	1.287	1.104
$1.0h$	1.242	1.295	1.437	1.176	1.205	1.216	1.411	1.334	1.131

由图3-8可知，进口处流速随水深的增加而增大。呈现此规律是由于实测断面靠近倒虹吸进口，流线受倒虹吸进口影响，此处的流线分布规律与渠道截然不同，随着水深的增加，在倒虹吸进口处流线变得更加密集，导致流速增大。图中中孔最大流速小于边孔最大流速原因是进口处边孔中的水流向中孔翻涌导致中孔排泄不畅，从而使中孔流速降低。

3.3.2 水位实测数据

1. 山庄河倒虹吸现场测量

在现场测量山庄河倒虹吸进口时，测量时间为 2020 年 8 月 25 日，瞬时流量为 234m³/s，下游水位 98.82m，水深 7.45m。现场实测山庄河倒虹吸进口水位时，沿断面从渠道左岸开始布置测点，每孔布置 3 个测点。通过测量水面距离倒虹吸进口及出口顶部的距离，根据倒虹吸设计图纸，计算出该处水深，山庄河倒虹吸进口水深数据见表 3-5。

表 3-5　　　　　　　　山庄河倒虹吸进口水深数据

测点	L_1	L_2	L_3	M_1	M_2	M_3	R_1	R_2	R_3
水深/m	7.44	7.47	7.46	7.48	7.48	7.47	7.47	7.45	7.46

现场实测山庄河倒虹吸出口水位时，同样沿断面从渠道左岸开始布置测点，每孔布置 3 个测点，由于山庄河倒虹吸出口水位波动较剧烈，每个测点测两次，分别为水位最高点和最低点，山庄河倒虹吸出口水深数据见表 3-6。

表 3-6　　　　　　　　山庄河倒虹吸出口水深数据

测点	L_1	L_2	L_3	M_1	M_2	M_3	R_1	R_2	R_3
最小水深/m	7.01	6.94	6.99	6.78	6.71	6.79	6.93	6.95	6.98
最大水深/m	7.24	7.36	7.25	7.49	7.56	7.51	7.25	7.35	7.28

2. 十里河倒虹吸现场测量

本研究于 2020 年 8 月 27 日现场测量十里河倒虹吸。实测十里河倒虹吸进口水位时，现场实测十里河倒虹吸进口断面流速时，沿断面从渠道左岸开始布置测点，每孔布置 3 个测点。经过对现场实测进口水深整理，十里河倒虹吸进口水深数据见表 3-7。

表 3-7　　　　　　　　十里河倒虹吸进口水深数据

测点	L_1	L_2	L_3	M_1	M_2	M_3	R_1	R_2	R_3
水深/m	7.25	7.24	7.26	7.27	7.28	7.26	7.25	7.24	7.23

现场实测十里河倒虹吸出口水位时，同样沿断面从渠道左岸开始布置测点，每孔布置 3 个测点，由于十里河倒虹吸出口水位波动较剧烈，每个测点测两次，分别为水位最高点和最低点，十里河倒虹吸出口水深数据见表 3-8。

表 3 - 8　　　　　　　　　　　　十里河倒虹吸进口水深数据

测点	L_1	L_2	L_3	M_1	M_2	M_3	R_1	R_2	R_3
最小水深/m	7.00	6.95	6.98	6.80	6.76	6.78	6.94	6.95	6.96
最大水深/m	7.25	7.28	7.27	7.51	7.58	7.48	7.21	7.34	7.31

3.4　无人机航拍成果

3.4.1　航拍设备

采用大疆无人机拍摄（图 3 - 9），可得到倒虹吸进、出口流态，以及倒虹吸进、出口全景照片。

图 3 - 9　无人机现场作业示意图

3.4.2　航拍成果

根据现场实测可知，倒虹吸进口水流比较平稳，水位波动较小，水位振幅较低，进口闸墩两侧出现较轻微的周期性漩涡，但不影响渠道过流能力。倒虹吸出口水流湍急，水位波动较大，水位振幅较高，伴有周期性异常水声及涌浪，出口闸墩后出现强度较大、排列规则的周期性漩涡。倒虹吸航拍汇总见表 3 - 9。

（1）山庄河倒虹吸无人机拍摄成果如图 3 - 10、图 3 - 11 所示。

（2）十里河倒虹吸无人机拍摄成果如图 3 - 12、图 3 - 13 所示。

（3）沧河倒虹吸无人机拍摄成果如图 3 - 14、图 3 - 15 所示。

表 3-9   **倒 虹 吸 航 拍 汇 总 表**

序号	倒虹吸名称	所属管理处	全景图片
1	山庄河倒虹吸		图 3-10、图 3-11
2	十里河倒虹吸	卫辉管理处	图 3-12、图 3-13
3	沧河倒虹吸		图 3-14、图 3-15
4	淇河倒虹吸		图 3-16、图 3-17
5	赵家渠倒虹吸	鹤壁管理处	图 3-18、图 3-19
6	思德河倒虹吸		图 3-20、图 3-21
7	魏庄河倒虹吸		图 3-22、图 3-23
8	羑河倒虹吸	汤阴管理处	图 3-24、图 3-25
9	永通河倒虹吸		图 3-26

图 3-10 山庄河倒虹吸进口全景图

图 3-11 山庄河倒虹吸出口全景图

（4）淇河倒虹吸无人机拍摄成果如图 3-16、图 3-17 所示。

（5）赵家渠倒虹吸无人机拍摄成果如图 3-18、图 3-19 所示。

（6）思德河倒虹吸无人机拍摄成果如图 3-20、图 3-21 所示。

（7）魏庄河倒虹吸无人机拍摄成果如图 3-22、图 3-23 所示。

（8）羑河倒虹吸无人机拍摄成果如图 3-24、图 3-25 所示。

图 3-12　十里河倒虹吸进口全景图

图 3-13　十里河倒虹吸出口全景图

图 3-14　沧河倒虹吸进口全景图

图 3-15　沧河倒虹吸出口全景图

图 3-16　淇河倒虹吸进口全景图

图 3-17　淇河倒虹吸出口全景图

图 3-18　赵家渠倒虹吸进口全景图

图 3-19　赵家渠倒虹吸出口全景图

图 3 - 20　思德河倒虹吸进口全景图

图 3 - 21　思德河倒虹吸出口全景图

图 3 - 22　魏庄河倒虹吸进口全景图

图 3 - 23　魏庄河倒虹吸出口全景图

图 3-24 羑河倒虹吸进口全景图

图 3-25 羑河倒虹吸出口全景图

（9）永通河倒虹吸无人机拍摄成果如图 3-26 所示。

图 3-26 永通河倒虹吸出口全景图

第 4 章

倒虹吸异响及水位异常波动的内在机理分析

4.1 倒虹吸数值仿真模型

根据现场调研成果，选取山庄河倒虹吸为典型建筑物，对其运行调度情况进行数值仿真计算分析。山庄河倒虹吸工程是南水北调中线总干渠穿越山庄河的大型交叉建筑物，工程大流量输水时，节制闸闸门全开工况下，管身出口处出现了规律性的"噗、噗"异响声，管身出口处发生异响时，伴随着水体快速喷涌而出，形成涌浪拍打弧形闸门面板。该倒虹吸属于三孔型式，在出口两个尾墩后出现了对称分布的漩涡带，同时出口闸室段出现了周期性水位波动现象。出口处水流频繁拍打闸门、涡带扰流和水位波动等现象的存在，将对工程平稳调水和结构安全产生不可预测的影响，需要进行深入研究。所以本书通过软件建立"山庄河倒虹吸"三维数值仿真计算流体动力学模型用以模拟水位波动，揭示倒虹吸出口异响及水位波动现象发生的内在机理，提出控制措施和建议，为确保南水北调中线工程安全调度运行提供理论参考和技术支撑。

4.1.1 模型参数

根据山庄河倒虹吸设计图纸在 ANSYS 有限元软件中建立山庄河倒虹吸出口段三维数值仿真模型，如图 4-1 所示。

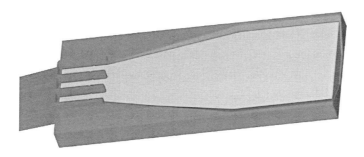

图 4-1 山庄河倒虹吸出口段三维数值仿真模型

本次选取山庄河倒虹吸模型为闸室、出口段渐变段及部分渠道，主要原因有以下两点：

（1）根据现场查勘，山庄河倒虹吸进口处水深变化平稳，未出现水体局部漩涡、回流等现象，但在山庄河出口闸室段及出口连接段都出现了水位大幅波动现象。

（2）山庄河倒虹吸管身段尺寸均匀，工程正常运行条件下，倒虹吸管身内水流为恒定流，各断面水流特性基本一致；考虑到计算机性能及计算的经济性，本次计算仅选取山庄河倒虹吸出口部分进行模拟。

选取山庄河倒虹吸模型进行计算。模型 X 方向选取河道顺水流方向为正方向；Y 方向与河道顺水流方向垂直，并选取垂直于左岸为正方向；Z 方向与河道顺水流方向垂直，并选取向上为正方向。利用 SolidWorks 软件将所建立模型转换为 Flow-3D 软件可以识别的 STL 格式，然后利用 Flow-3D 流体计算软件进行模型的网格划分，利用 Flow-3D 软件对山庄河倒虹吸模型进行六面体网格划分，如图 4-2 所示。划分网格总数 3619226 个，其中流体网格总数 2711402 个，固体网格总数 907202 个。

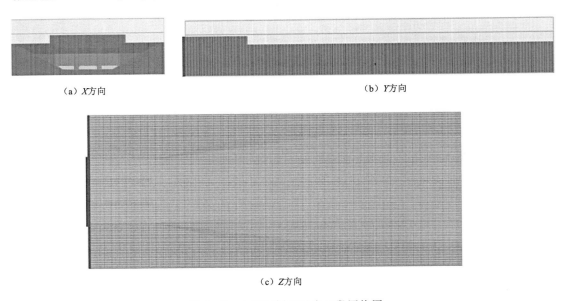

　　　（a）X方向　　　　　　　　　　　　　　　　（b）Y方向

（c）Z方向

图 4-2　山庄河倒虹吸出口段网格图

4.1.2　模型边界条件及初始条件设定

1. 边界条件划分

Flow-3D 软件将网格模块化后的物理模型通过笛卡尔三维坐标的形式表现出来，每个结构化网格块都可以根据坐标给定 6 个边界条件。本次山庄河倒虹吸数值仿真计算模型上游进口边界设定为流量入口边界（Volumetric Flow Rate），流量值必须为正值，默认方向是进入网格内部；下游出口边界设定为速度出口边界（Specified Velocity）；模型底部及模型左右壁边界设定为墙体边界（Wall），其中 Wall 的壁面法向速度为零，使得在壁面处的切速度等于零，使得符合实际流速分布；模型顶部边界设置成对称边界（Symmetry）。模型边界条件示意图如图 4-3 所示。

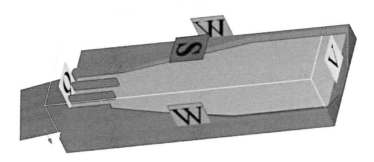

图 4-3 模型边界条件示意图

2. 模型初始条件设定

山庄河倒虹吸模型计算，如果模拟模型无水状态到完全充水过程，需要大量的计算时间，并且计算结果中的水体震荡无法在短时间内消除。为了提高计算效率，数值仿真计算在出口段及下游渠道段设定初始水体，以减少计算时间，下游渠道段初始水体高度的设定应根据下游水位，通过插值的方法计算得到各断面水位。

根据 Flow-3D 软件分别设定模型的初始条件、输出条件和数值计算条件。设置流体性质为单相不可压缩液体（One Fluid Free Surface or Sharp），计算单位选 SI 国际单位制，流体种类为 20℃ 的水，重力沿 Z 轴负向，重力加速度 -9.81m/s^2。初始时间步长为 0.002，最小时间步长为 10^{-7}。完成模型建立后，在数值计算区（Simulate）对数值模型进行预处理，如果出现错误提示则检查参数设置，反之则运行模拟。

4.1.3 控制方程选取

为确保在 Flow-3D 软件中对山庄河倒虹吸数值仿真模型计算的准确性，在进行计算大流量工况、设计流量工况及加大流量工况之前，利用现场实测数据设置模型参数及初始条件，选取合适的湍流模型，为真实地模拟典型建筑物水位波动动态过程提供保障。本次数值仿真计算主要是山庄河倒虹吸模型，在工程实际运行中，出口闸室段及下游渠道中会产生水面超常波动，产生沿水流方向的行进波，现场观测出口闸室段水面波动幅值最大，达到 0.9m 左右，在尾墩处会产生成对出现的卡门涡街。根据这些工程现象选取 N-S 方程，以及对漩涡模拟较好的 RNG $k-\varepsilon$ 模型。

4.1.4 倒虹吸水情数据

南水北调中线工程建成通水以来，整体运行良好，供水量呈逐年攀高趋势。根据现场调研卫辉管理处提供的倒虹吸输水数据，自通水以来，卫辉段渠道流量大部分时段为 80～100m³/s，此输水流量工况下，卫辉段各建筑物均运行正常，无流态异常现象。

但随着近几年输水流量加大，2018 年大流量输水期间，卫辉段总干渠流量为 180～210m³/s，已接近设计流量 250m³/s。在此大流量输水期间，巡检中发现十里河、山庄河倒虹吸出口出现水位波动大、周期性涌浪及异常水声的现象。出口闸墩两侧出现周期性大型漩涡，观察该漩涡有别于其他闸孔的漩涡形态。

2020 年大流量输水流量在 240～277m³/s，已超设计流量 250m³/s，接近加大流量 300m³/s。2020 年大流量输水流量为历年来最大，出口异响及水位波动现象也更为剧烈。

对发生异响倒虹吸进行现场调研实测时，对山庄河倒虹吸进行了两次测量，分别为 6 月 11 日时现场测量流量为 263m³/s，设置为 D1；8 月 25 日现场测量流量为 234m³/s，设置为 D2。

4.2　大流量输水 D1 工况数值仿真模拟分析

4.2.1　大流量输水 D1 工况数据参数分析

1. 雷诺数

雷诺数是黏性流体运动中最基本的一个无量纲参数，计算式为

$$Re = \frac{\rho v d}{\mu} = \frac{UL}{v} \qquad (4-1)$$

式中　ρ——流体密度；

　U、L——流场特征速度和特征长度，对于明渠及天然河道，特征长度 L 一般取为过水断面的水力半径 R；

　μ、v——流体的动力学黏度系数和运动学黏性系数。

山庄河倒虹吸大流量输水 D1 工况下，节制闸闸门敞泄运行，输水流量为 263m³/s，倒虹吸出口处特征速度 $U=1.67$m/s，水力半径 $R=4.67$m，运动黏度 $v=1.003 \times 10^{-6}$m²/s，根据式（4-1）可得闸室进口处水流雷诺数 $Re=7.30 \times 10^{6}$。

雷诺数 Re 的物理意义是表示流体所受惯性力和黏性力的比值，其中黏性力表现为使流体中的扰动衰减，而惯性力表现为使流体中的扰动增加，因此雷诺数 Re 的大小很大程度上决定了流动处于层流或是紊流的状态。一般来讲，雷诺数 Re 越大时流体的流动就越易处于紊流状态，对于明渠及天然河道，由层流过渡到紊流相应的临界

雷诺数约为 500，由此可判断山庄河倒虹吸大流量输水 D1 工况下水流处于紊流状态。

对于闸室出口尾墩处出现卡门涡街的问题，雷诺数还决定了尾流中漩涡的脱落形态：

（1）当 $40 \leqslant Re < 150$ 时，边界层从尾墩两侧分离，漩涡开始交替脱落，边界层和尾流均为层流。

（2）当 $150 \leqslant Re < 300$ 时，边界层分离点的位置向后方移动，漩涡内部从层流转变为紊流。

（3）$300 \leqslant Re < 3 \times 10^5$ 时称为亚临界区，在亚临界范围内，斯特劳哈尔数 St 稳定在 0.2 左右。

（4）当雷诺数 $Re = 3 \times 10^5$ 时，尾流完全变成紊流，但边界层仍然保持为层流状态。

（5）当 $3 \times 10^5 < Re < 3 \times 10^6$ 范围时称为临界区，处于过渡状态，此时尾流中漩涡脱落变得杂乱无章，阻力系数突然下降。

（6）当 $Re \geqslant 3 \times 10^6$ 时，漩涡结构再次出现，边界层和尾流均变成紊流，此时雷诺数 Re 范围称为超临界区。

山庄河倒虹吸在大流量输水 D1 工况下出口水流雷诺数 $Re = 7.30 \times 10^6$，此时处于超临界区，闸室出口尾墩处的边界层和尾流均为紊流。

2. 计算模型参数

现场实测山庄河倒虹吸瞬时流量为 $263 \mathrm{m^3/s}$。在 Flow-3D 软件中运用 RNG $k-\varepsilon$ 模型进行模拟，模型进口边界条件设置为流量进口边界，流量大小为 $263 \mathrm{m^3/s}$，模型出口边界条件设置为流速出口边界，流速大小为 $1.031 \mathrm{m/s}$，初始水体高度根据上下游水位插值计算结果设定，水流黏滞系数设置为 $0.001 \mathrm{N \cdot s/m^2}$，渠道糙率设置为 0.014，计算时间设置为 1800.0s。

4.2.2 流速云图结果分析

山庄河倒虹吸在大流量输水 D1 工况下管身段流速均匀平缓，故取倒虹吸出口处及渐变段流速分布云图进行分析，根据尾墩漩涡发展过程共选取 8 个时刻，色带范围设置为 $0 \sim 2.5 \mathrm{m/s}$，如图 4-4 所示。

由图可知：闸室内水流流速较大，两股水流在尾墩处交汇发生边界层分离，导致半圆形尾墩一侧逐渐生成漩涡，尾墩右侧和左侧区域形成的漩涡交替脱落，形成了典型的卡门涡街现象；尾墩一侧形成漩涡时，墩体表面会形成回流区域，漩涡前后出现速度差，该区域流速最大接近 $2.5 \mathrm{m/s}$；由于漩涡的产生，尾墩表面两侧形成速度差，这必将产生与来流速度方向垂直的压力，这种现象可能会影响工程安全。

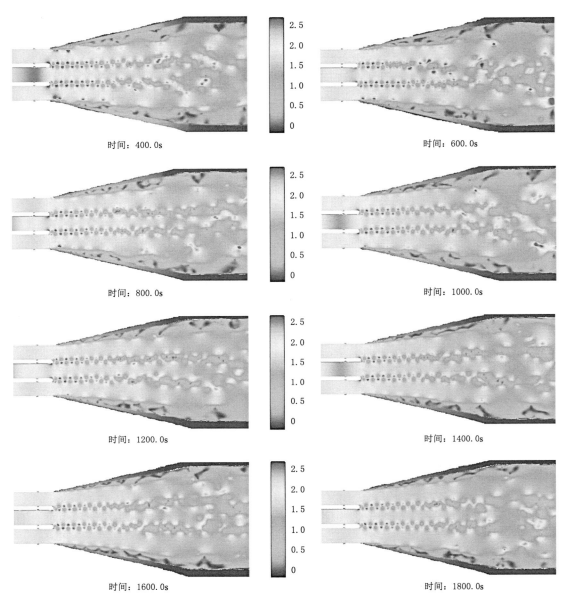

时间：400.0s

时间：600.0s

时间：800.0s

时间：1000.0s

时间：1200.0s

时间：1400.0s

时间：1600.0s

时间：1800.0s

图 4-4　山庄河倒虹吸出口处流速变化云图（单位：m/s）

4.2.3　水深云图结果分析

对山庄河倒虹吸大流量输水 D1 工况下进行数值仿真计算，取倒虹吸出口段及渐变段水深变化云图进行分析，为了便于观测闸室内水位波动变化，色带设置为 5.0～7.6m，如图 4-5 所示。

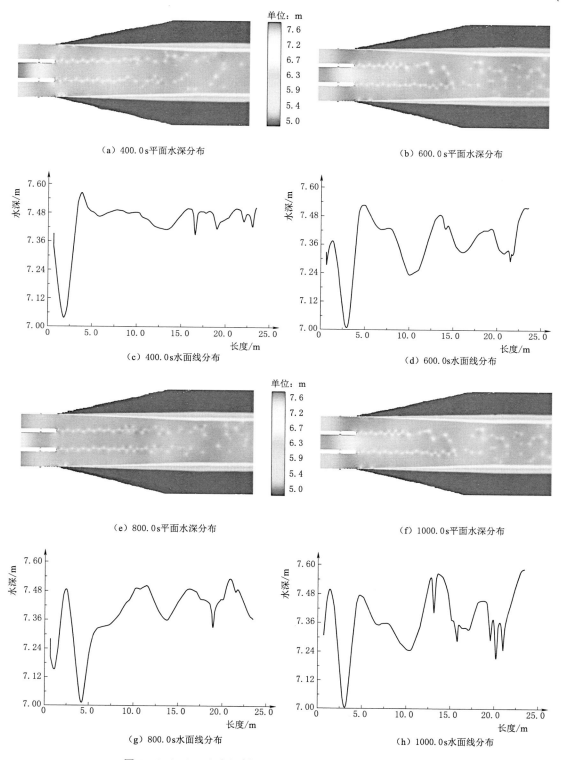

图 4-5（一）　山庄河倒虹吸出口水深变化云图（单位：m）

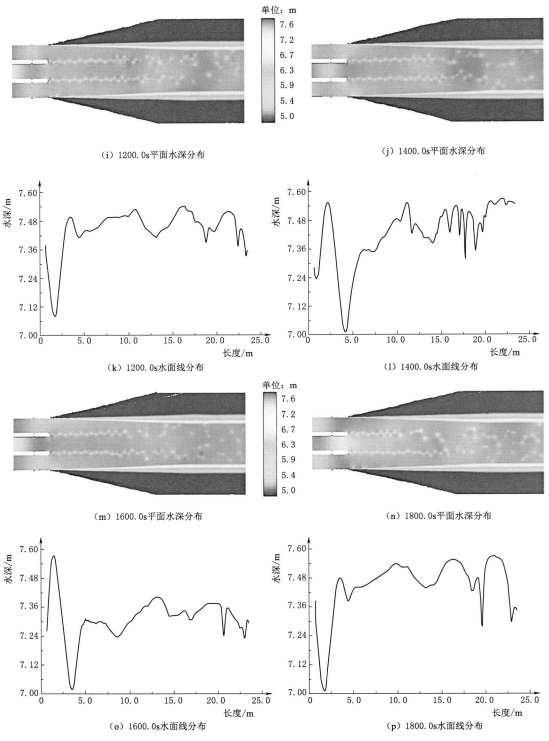

图 4-5（二）　山庄河倒虹吸出口水深变化云图（单位：m）

由图可知：水流过闸室过程中，闸室段水深为 7.0～7.6m；由于闸室出口处形成卡门涡街，漩涡导致局部阻水进而形成波动向上游传递，从而造成闸室段水深沿着水流方向逐渐呈波浪形变化，且闸墩左右两侧水深最大值呈交替变化，水深高度差达到 0.6m。

图 4-5 中对应给出了同一时刻的中孔中间位置水面线分布图。由图可知，水面线分布图与平面水深分布图均可表征水深分布规律，水面线仅可代表一个剖面的分布，平面水深分布图则可表征渠道全断面的分布，且可清楚直观地看出水位波动情况以及波动大小。因此，在以下工况中不再展示水面线分布图，仅重点对水深分布云图进行分析。

4.2.4　水位波动时程图分析

对山庄河倒虹吸大流量输水 D1 工况下进行数值仿真计算，数值仿真计算在 400.0s 前还未进入稳定状态，闸室内水流状态变化较大，数据不具有参考性，故取 400.0～1800.0s 时间段各观测点（图 4-6）水深变化时程曲线进行分析，倒虹吸出口水深变化情况如图 4-7～图 4-15 所示，其中闸孔按顺水流方向从左到右依次为 L、M、R 孔。从水位波动时程曲线图中可知：水位波动幅值中孔最大，波动幅值最大为 0.6m。

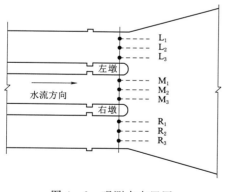

图 4-6　观测点布置图

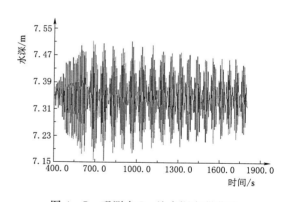

图 4-7　观测点 L_1 处水深变化曲线

4.2.5　尾墩脱落涡特性分析

1. 升力系数

对于本次计算山庄河倒虹吸，在尾墩处形成卡门涡街现象，随着漩涡脱落墩体会受到与来流方向垂直的升力 F_l，由于对称性，升力的时间平均值等于零。涡街脱落

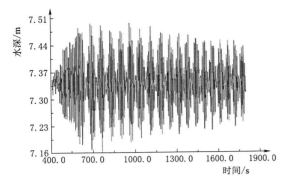

图 4-8　观测点 L_2 处水深变化曲线

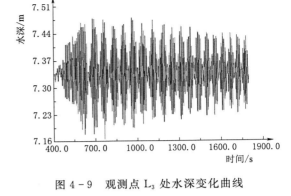

图 4-9　观测点 L_3 处水深变化曲线

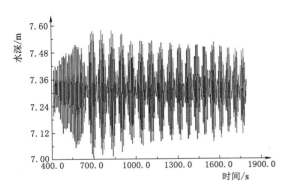

图 4-10　观测点 M_1 处水深变化曲线

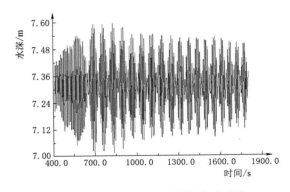

图 4-11　观测点 M_2 处水深变化曲线

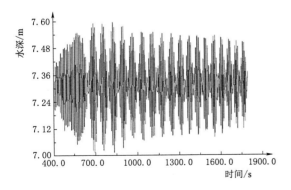

图 4-12　观测点 M_3 处水深变化曲线

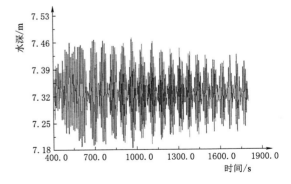

图 4-13　观测点 R_1 处水深变化曲线

的存在是产生升力的主要原因。当尾墩一侧形成一个漩涡时,墩体表面形成回流区域,漩涡内外形成一个速度差,尾墩该侧速度减小,此时尾墩另一侧表面速度增大。物体表面两侧形成速度差,这必将导致压力的产生,该压力与来流速度方向垂直,当涡街不断脱落时,压力值随着不断减小,当尾墩另一侧生成漩涡时,表面就形成方向

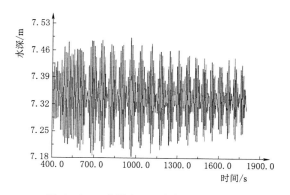

图 4-14 观测点 R_2 处水深变化曲线

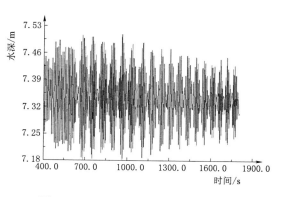

图 4-15 观测点 R_3 处水深变化曲线

相反的压力，在尾墩两侧漩涡强度相等的情况下，两种压力值相等且方向相反。鉴于涡街生成的周期性，升力的时间平均值为零。将升力进行无量纲化，得到升力系数计算式为

$$Cl = \frac{2F_l}{\rho U^2 D} \tag{4-2}$$

式中　F_l——尾墩所受的升力；

　　　ρ——流体密度；

　　　U——倒虹吸出口处平均流速；

　　　D——尾墩特征长度。

大流量输水 D1 工况下，闸室出口处平均流速 $U = 1.65 \text{m/s}$，尾墩圆弧直径 $D = 1.8 \text{m}$。左、右墩升力系数时程曲线如图 4-16、图 4-17 所示，计算所得的结果是流动发展稳定时提取出来的。由图可知，升力系数呈周期性变化，这是由于尾墩处周期

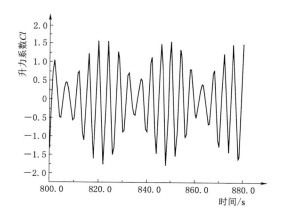

图 4-16 左墩升力系数时程曲线图

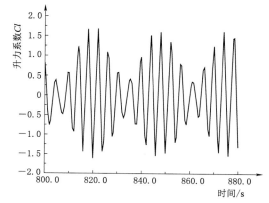

图 4-17 右墩升力系数时程曲线图

性脱落的卡门涡街引起的，周期性分布的漩涡造成了尾墩周围压力场的不断变化。升力系数曲线以 0 点为中心上下波动，其左墩振幅约为 1.7，右墩振幅约为 1.75。

2. 斯特劳哈尔数

1878 年，Strouhal 发现，单弦发出的音调和流速大小成正比，与弦的粗细成反比，即

$$St = \frac{f_{st}D}{U} \tag{4-3}$$

式中　St——斯特劳哈尔数；

　　　f_{st}——尾涡脱落频率；

　　　U——倒虹吸出口处平均流速 1.65m/s；

　　　D——尾墩圆弧直径，取 1.8m。

St 的特别之处在于它能够将边界层分离流动以及流动的不稳定性这些特性与相对稳定的漩涡脱落频率 f_{st} 结合在一起，St 的大小主要与 Re 有关。根据升力的性质可知，尾墩左、右两侧漩涡交替脱落使升力变化一次，所以升力的波动频率即为尾墩漩涡的脱落频率 f_{st}。

进一步对升力系数进行快速傅里叶变换（FFT）得到其频谱分析如图 4-18、图 4-19 所示。由图可得，左墩漩涡脱落频率 f_{st} 为 0.23Hz，右墩漩涡脱落频率 f_{st} 为 0.23Hz。根据式（4-3）可得 $St = 0.251$。St 是流场局部惯性力与迁移力的比值，反应流场非定常运动的特性，也是表征流动周期性的相似准则。对于周期性非定常流动，St 可反应周期性流动的演变特性，St 数量级为 1，黏度主宰流体；对于 St 数量级小于 10e^{-4}，高速主宰震荡。大流量输水工况下，$St = 0.251$，说明卡门涡街脱落主要受流体的黏度影响，其尾墩处形成的边界层及漩涡均为紊流。

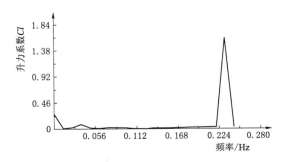

图 4-18　左墩升力系数频谱图

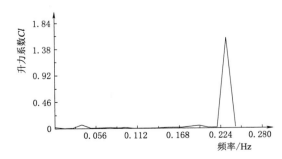

图 4-19　右墩升力系数频谱图

4.3　大流量输水 D2 工况数值仿真模拟分析

4.3.1　大流量输水 D2 工况数据参数分析

1. 雷诺数

山庄河倒虹吸大流量输水 D2 工况下，节制闸闸门敞泄运行，输水流量为 $234\mathrm{m}^3/\mathrm{s}$，倒虹吸出口处特征速度 $U=1.54\mathrm{m/s}$，水力半径 $R=4.38\mathrm{m}$，运动黏度 $\nu=1.003\times10^{-6}\mathrm{m}^2/\mathrm{s}$，根据式（4-1）可得闸室进口处水流雷诺数 $Re=6.73\times10^6$。Re 的物理意义是表示流体所受惯性力和黏性力之比，其中黏性力倾向于减轻流体扰动，而惯性力倾向于加强流体扰动，因而利用 Re 的大小可以判断流体的流动状态。一般来讲，Re 越大时流体的流动就越易处于紊流状态，对于明渠及天然河道，由层流过渡到紊流相应的临界雷诺数约为 500，由此可判断山庄河倒虹吸设计流量输水 D2 工况下水流处于紊流状态。

2. 计算模型参数

现场实测山庄河倒虹吸瞬时流量为 $234\mathrm{m}^3/\mathrm{s}$。在 Flow-3D 软件中运用 RNG $k-\varepsilon$ 模型进行模拟，模型进口边界条件设置为流量进口边界，流量大小为 $234\mathrm{m}^3/\mathrm{s}$，模型出口边界条件设置为流速出口边界，流速大小为 $1.009\mathrm{m/s}$；初始水体高度根据上下游水位插值计算结果设定，水流黏滞系数设置为 $0.001\mathrm{N}\cdot\mathrm{s/m}^2$，渠道糙率设置为 0.014，计算时间设置为 1800.0s。

4.3.2　流速云图结果分析

山庄河倒虹吸在大流量输水 D2 工况下管身段流速均匀平缓，故取倒虹吸出口处及渐变段流速分布云图进行分析，根据尾墩漩涡发展过程共选取 8 个时刻，色带范围设置为 0~2.2m/s，如图 4-20 所示。

由图可知：闸室内水流流速较大，两股水流在尾墩处交汇发生边界层分离，导致半圆形尾墩一侧逐渐生成漩涡，尾墩右侧和左侧区域形成的漩涡交替脱落，形成了典型的卡门涡街现象；尾墩一侧形成漩涡时，墩体表面会形成回流区域，漩涡内外出现速度差，该区域流速最大接近 2.2m/s；由于漩涡的产生，尾墩表面两侧形成速度差，

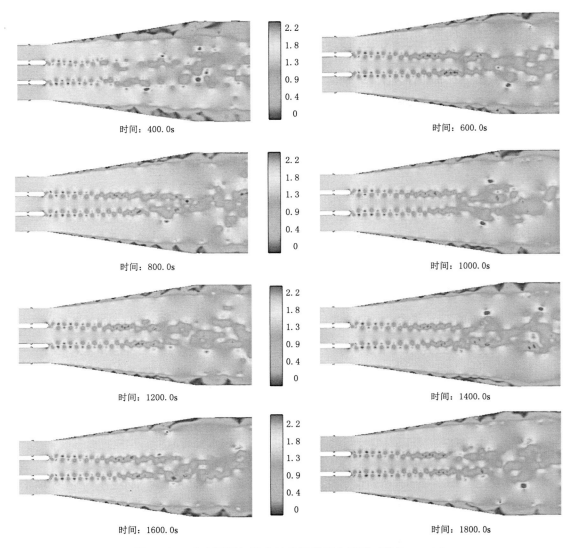

图 4 - 20　山庄河倒虹吸出口处流速变化云图（单位：m/s）

这必将产生与来流速度方向垂直的压力，这种现象可能会影响工程安全。

4.3.3　水深云图结果分析

对山庄河倒虹吸大流量输水 D2 工况下进行数值仿真计算，取倒虹吸出口段及渐变段水深变化云图进行分析，为了便于观测闸室内水位波动变化，色带设置为 3.0～7.0m，如图 4 - 21 所示。

由图可知：水流过闸室过程中，闸室段水深为 6.5～7.0m；由于闸室出口处形成

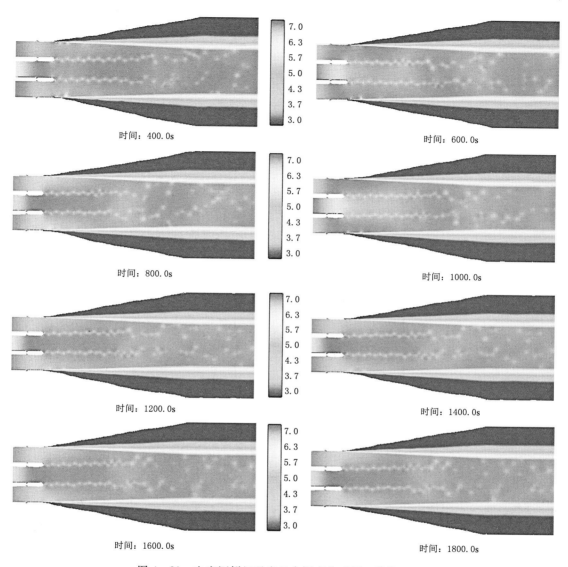

时间：400.0s

时间：600.0s

时间：800.0s

时间：1000.0s

时间：1200.0s

时间：1400.0s

时间：1600.0s

时间：1800.0s

图 4-21 山庄河倒虹吸出口水深变化云图（单位：m）

卡门涡街，漩涡导致局部阻水进而形成波动向上游传递，从而造成闸室段水深沿着水流方向逐渐呈波浪形变化，且闸墩左右两侧水深最大值呈交替变化，水深高度差达到 0.5m。

4.3.4 水位波动时程图分析

对山庄河倒虹吸大流量输水 D2 工况下进行数值仿真计算，数值仿真计算在 400.0s 前还未进入稳定状态，闸室内水流状态变化较大，数据不具有参考性。所以取

400.0~1800.0s 时间段各观测点（图 4-22）水深变化时程曲线进行分析，根据大流量输水 D1 工况可知，每孔三个测点波动曲线基本一致，故本次只取中间测点进行研究，倒虹吸出口水深变化情况如图 4-23~图 4-25 所示，从水位波动时程曲线图中可知：水位波动幅值中孔最大，波动幅值最大为 0.5m。

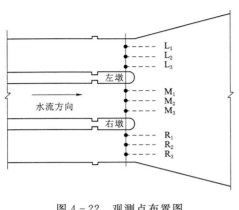

图 4-22　观测点布置图

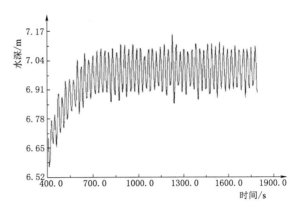

图 4-23　观测点 L_2 处水深变化曲线

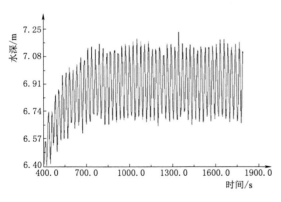

图 4-24　观测点 M_2 处水深变化曲线

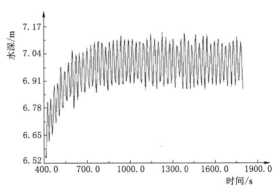

图 4-25　观测点 R_2 处水深变化曲线

4.3.5　尾墩脱落涡特性分析

1. 升力系数

大流量输水 D2 工况下，闸室出口处平均流速 $U=1.54\text{m/s}$，尾墩圆弧直径 $D=1.8\text{m}$，左、右墩升力系数时程曲线如图 4-26、图 4-27 所示，计算所得的结果是流动发展稳定时提取出来的。可以看出，左右两墩的升力系数呈周期性变化。这是因为尾墩周期性脱落出涡街导致尾墩周围的压力场不断变化。升力系数曲线以 0 点为中心上下波动，其左墩振幅约为 0.55，右墩振幅约为 0.35。

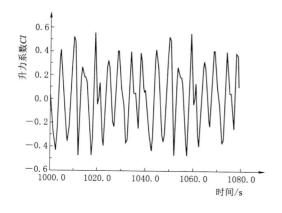

图 4-26 左墩升力系数时程曲线图

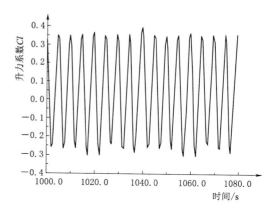

图 4-27 右墩升力系数时程曲线图

2. 斯特劳哈尔数

进一步对升力系数进行快速傅里叶变换（FFT）得到其频谱分析如图 4-28、图 4-29 所示，由图可得，左墩漩涡脱落频率 f_{st} 为 0.2Hz，右墩漩涡脱落频率 f_{st} 为 0.2Hz。根据式（4-3）可得 $St = 0.234$，说明卡门涡街脱落主要受流体的黏度影响，其尾墩处形成的边界层及漩涡均为紊流。

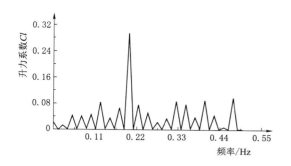

图 4-28 左墩升力系数频谱图

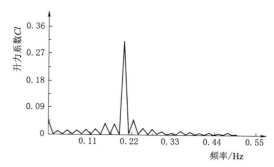

图 4-29 右墩升力系数频谱图

4.3.6 数值计算结果与现场实测对比分析

数值计算结果与现场实测对比分析见表 4-1。

表 4-1　　　　　　　　　　　数值计算结果与现场实测对比分析表

参数	类别	水 情 数 据	差 值	分 析
流速	实测	最大流速 1.847m/s，最小流速 1.349m/s，平均流速 1.672m/s	平均流速差值 0.160m/s，差值 8.7%	实测与数值模拟结果基本一致
	模拟	最大流速 1.924m/s，最小流速 1.783m/s，平均流速 1.832m/s		
水深	实测	最大水深 7.56m，最小水深 6.78m，平均水深 7.13m	最小水深差值 0.22m，差值 3%	实测与数值模拟结果基本一致
	模拟	最大水深 7.60m，最小水深 7.00m，平均水深 7.28m		
波动幅值	实测		现场观测结果：中孔波动约 0.9m，边孔波动 0.45m	由实测河模拟结果可知，倒虹吸出口水位波动幅值存在边孔幅值为中孔幅值一半的规律。出现的误差主要原因：现场肉眼观测时所参考的参照物存在相应误差
			中孔实测与模拟结果相差 0.3m，边孔波动相差 0.15m。两孔差值保持在 20%~30%	
	模拟		模拟计算结果显示：中孔波动约 0.6m，边孔波动约 0.3m	

4.4　设计流量输水工况数值仿真模拟分析

4.4.1　设计流量输水工况数据参数

1. 雷诺数

山庄河倒虹吸设计流量输水工况下，节制闸闸门敞泄运行，输水流量为 250m³/s，倒虹吸出口处特征速度 $U=1.61$m/s，水力半径 $R=4.62$m，运动黏度 $\nu=1.003\times$

$10^{-6} \mathrm{m^2/s}$，根据式（4-1）可得闸室进口处水流雷诺数 $Re = 7.41 \times 10^6$。流体所受惯性力和黏性力的比值为雷诺数 Re，其中黏性力倾向于使流体中的扰动衰减，而惯性力倾向于使流体中的扰动增加，因此依据 Re 的大小可以判别流动特征。一般来讲，Re 越大时流体的流动就越易处于紊流状态，对于明渠及天然河道，由层流过渡到紊流相应的临界雷诺数约为 500，由此可判断山庄河倒虹吸设计流量输水工况下水流处于紊流状态。

2. 计算模型参数

山庄河倒虹吸设计流量为 $250 \mathrm{m^3/s}$。在 Flow-3D 软件中运用 RNG k-ε 模型进行模拟，模型进口边界条件设置为流量进口边界，流量大小为 $250 \mathrm{m^3/s}$，模型出口边界条件设置为流速出口边界，流速大小为 $1.021 \mathrm{m/s}$，初始水体高度根据上下游水位插值计算结果设定，水流黏滞系数设置为 $0.001 \mathrm{N \cdot s/m^2}$，渠道糙率设置为 0.014，计算时间设置为 1800.0s。

4.4.2 流速云图结果分析

山庄河倒虹吸在设计流量输水工况下管身段流速均匀平缓，故取倒虹吸出口处及渐变段流速分布云图进行分析，根据尾墩漩涡发展过程共选取 4 个时刻，色带范围设置为 $0 \sim 2.5 \mathrm{m/s}$，如图 4-30 所示。

由图可知，闸室段水流流速较大，出口处的流速最大可达 $2.5 \mathrm{m/s}$。尾端两侧水流在尾墩末端发生边界层分离，交替脱落出漩涡向下游移动。这是典型的卡门涡街现象。由于形成漩涡的一侧会生成回流区，该侧流速变快，与另一侧存在速度差。这必将对尾墩产生与来流方向垂直的压力，对工程安全产生不利影响。

4.4.3 水深云图结果分析

对山庄河倒虹吸设计流量输水工况下进行数值仿真计算，取倒虹吸出口段及渐变段水深变化云图进行分析，为了便于观测闸室内水位波动变化，色带设置为 $5.0 \sim 7.6 \mathrm{m}$，如图 4-31 所示。

由图可知：水流过闸室过程中，闸室段水深为 $7.0 \sim 7.6 \mathrm{m}$；由于闸室出口处形成卡门涡街，漩涡导致局部阻水进而形成波动向上游传递，从而造成闸室段水深沿着水流方向逐渐呈波浪形变化，且闸墩左右两侧水深最大值呈交替变化，水深高度差达到 $0.55 \mathrm{m}$。

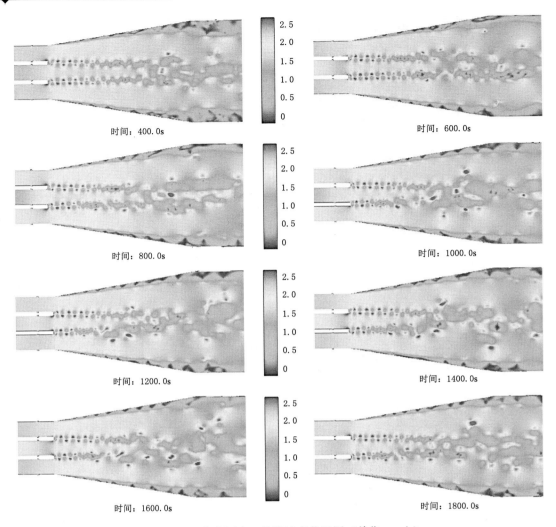

图4-30　山庄河出口处流速变化云图（单位：m/s）

4.4.4　水位波动时程图分析

对山庄河倒虹吸设计流量输水工况下进行数值仿真计算，数值仿真计算在400.0s前还未进入稳定状态，闸室内水流状态变化较大，数据不具有参考性；计算时长400.0s以后，水流状态逐渐摆脱初始边界条件约束。所以取400.0～1800.0s时间段各观测点（图4-32）水深变化时程曲线进行分析，根据大流量输水工况可知，每孔三个测点波动曲线基本一致，故本次只取中间测点进行研究，倒虹吸出口水深变化情况如图4-33～图4-35所示，其中闸孔按顺水流方向从左到右依次为L、M、R孔。从水位波动时程曲线图中可知：水位波动幅值中孔最大，波动幅值最大为0.55m。

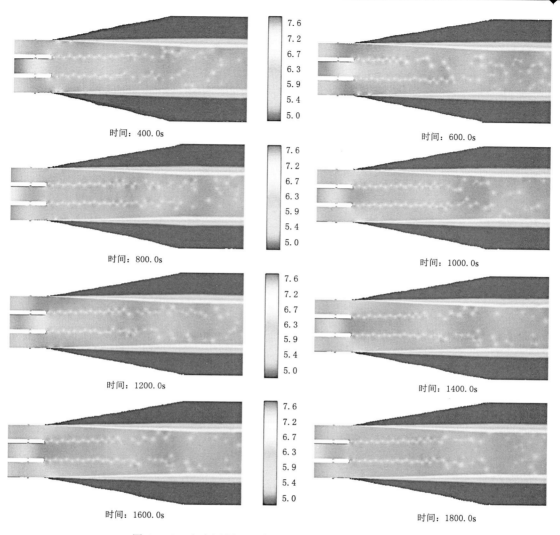

图 4-31 山庄河倒虹吸出口水深变化云图（单位：m）

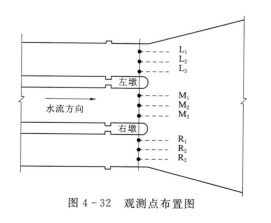

图 4-32 观测点布置图

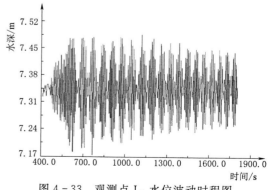

图 4-33 观测点 L_2 水位波动时程图

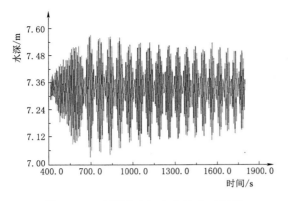

图 4-34　观测点 M_2 水位波动时程图

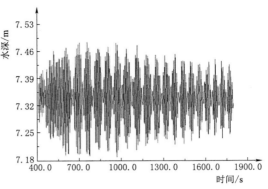

图 4-35　观测点 R_2 水位波动时程图

4.5　加大流量输水工况数值仿真模拟分析

4.5.1　加大流量输水工况数据参数

1. 雷诺数

山庄河倒虹吸加大流量输水工况下，节制闸闸门敞泄运行，输水流量为 $300\mathrm{m^3/s}$，倒虹吸出口处特征速度 $U=1.83\mathrm{m/s}$，水力半径 $R=4.77\mathrm{m}$，运动黏度 $\nu=1.003\times10^{-6}\mathrm{m^2/s}$，根据式（4-1）可得闸室进口处水流雷诺数 $Re=8.70\times10^6$。流体所受惯性力和黏性力之比为 Re，其中黏性力偏向于使流体中的扰动减弱，而惯性力偏向于使流体中的扰动增强，因此 Re 的大小很大程度上决定了流动处于层流或是紊流的状态。一般来讲，Re 越大时流体的流动就越易处于紊流状态，对于明渠及天然河道，由层流过渡到紊流相应的临界雷诺数约为 500，由此可判断山庄河倒虹吸加大流量输水工况下水流处于紊流状态。

2. 计算模型参数

山庄河倒虹吸加大流量为 $300\mathrm{m^3/s}$。在 Flow-3D 软件中运用 RNG k-ε 模型进行模拟，模型进口边界条件设置为流量进口边界，流量大小为 $300\mathrm{m^3/s}$，模型出口边界条件设置为流速出口边界，流速大小为 $1.111\mathrm{m/s}$，初始水体高度根据上下游水位插值计算结果设定，水流黏滞系数设置为 $0.001\mathrm{N\cdot s/m^2}$，渠道糙率设置为 0.014，计算时间设置为 1800.0s。

4.5.2　流速云图结果分析

山庄河倒虹吸在加大流量输水工况下管身段流速均匀平缓，故取倒虹吸出口处及渐变段流速分布云图进行分析，根据尾墩漩涡发展过程共选取 4 个时刻，色带范围设置为 0～2.5m/s，如图 4 - 36 所示。

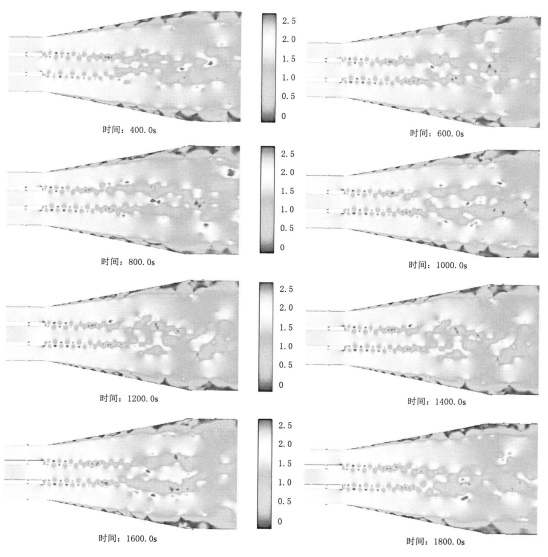

图 4 - 36　山庄河出口处流速变化云图（单位：m/s）

由图可知：闸室内水流流速较大，两股水流在尾墩处交汇发生边界层分离，导致半圆形尾墩一侧逐渐生成漩涡，尾墩右侧和左侧区域形成的漩涡交替脱落，形成了典型的卡门涡街现象；尾墩一侧形成漩涡时，墩体表面会形成回流区域，漩涡内外存在速度差，该区域最大流速为 2.5m/s；由于漩涡的产生，尾墩表面两侧形成速度差，这必将产生与来流速度方向垂直的压力，这种现象可能会影响工程安全。

4.5.3　水深云图结果分析

对山庄河倒虹吸加大流量输水工况下进行数值仿真计算，取倒虹吸出口段及渐变段水深变化云图进行分析，为了便于观测闸室内水位波动变化，色带设置为 5.0～7.9m，如图 4-37 所示。

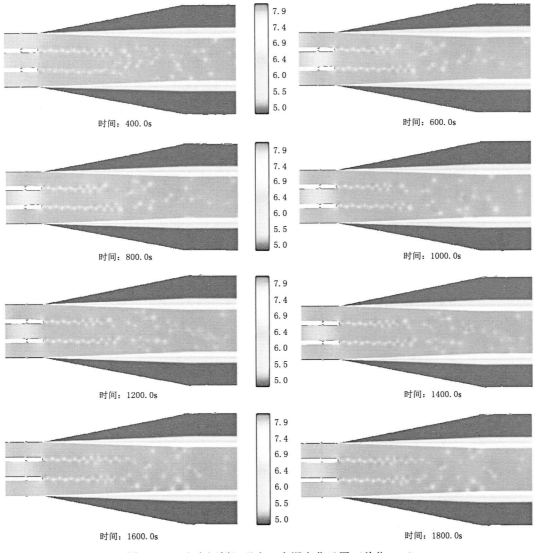

图 4-37　山庄河倒虹吸出口水深变化云图（单位：m）

由图可知：水流过闸室过程中，闸室段水深为7.2～7.9m；由于闸室出口处形成卡门涡街，漩涡导致局部阻水进而形成波动向上游传递，从而造成闸室段水深沿着水流方向逐渐呈波浪形变化，且闸墩左右两侧水深最大值呈交替变化，水深高度差达到0.65m。

4.5.4 水位波动时程图分析

对山庄河倒虹吸加大流量输水工况下进行数值仿真计算，数值仿真计算在400.0s前还未进入稳定状态，闸室内水流状态变化较大，数据不具有参考性；计算时长400.0s以后，水流状态逐渐摆脱初始边界条件约束。所以取400.0～1800.0s时间段各观测点（图4-38）水深变化时程曲线进行分析，根据大流量输水工况可知，每孔三个测点波动曲线基本一致，故本次只取中间测点进行研究，倒虹吸出口水深变化情况如图4-39～图4-41所示，其中闸孔按顺水流方向从左到右依次为L、M、R孔。从水位波动时程曲线图中可知：水位波动幅值中孔最大，波动幅值最大为0.65m。

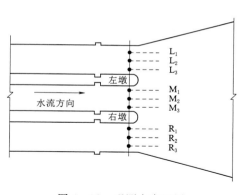

图4-38 观测点布置图

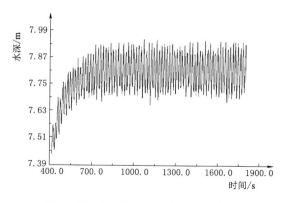

图4-39 观测点 L_2 水位波动时程图

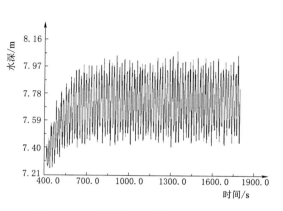

图4-40 观测点 M_2 水位波动时程图

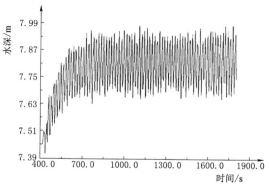

图4-41 观测点 R_2 水位波动时程图

4.6　倒虹吸出口异响及水位波动现象内在机理研究

根据上节的理论研究、数值计算和现场实测对比分析，可判断倒虹吸出口水流流动状态为紊流。倒虹吸出口两个导流墩尾墩后各自形成了对称分布的卡门涡街和沿水流方向向上游传递的水位波动现象，同时倒虹吸出口处呈现规律的"噗、噗"异响声。本书从水力学理论的角度对该现象的内在形成机理进行深入分析。

4.6.1　水体流动分离现象

1. 流动分离现象描述

流动分离现象，也叫边界层分离，指的是流体在壁面摩擦力和逆向压差力的双重作用下越流越慢，直到停止甚至发生倒流，从而使主流被排挤，远离壁面的现象。边界层一般很薄，被壁面减速的流体很少，所以黏性影响较小。当发生分离后，大量的流体被卷入到分离区中，产生的流动阻力和流动损失将大大增加。经典圆柱绕流现象中，流体在迎水面贴壁表面流动，不会发生壁柱附近的流动分离，但在背面则会离开表面，在后部产生一个低速且低压的区域，如图 4-42 所示。

2. 流动分离的原因

流动分离发生在壁面附近的减速流动中，主流中的流体减速由压差力造成。边界层内流体受到黏性力作用，越靠近壁面剪切变形越大，所以边界层内流体微团的下表面黏性力大于上表面，黏性力的合力方向与流动方向相反。

因此，边界层内的流体比主流减速程度大。当主流减速到某种程度时，边界层内的流体已经减速到零。此时黏性阻力消失，但压差阻力仍然存在，已经静止的流体将受到反向作用力，在下游发生倒流，于是发生流体的流动分离现

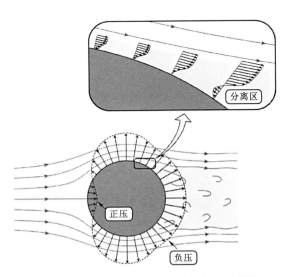

图 4-42　圆柱表面压力差及分离区示意图

象。如图 4-43 所示。

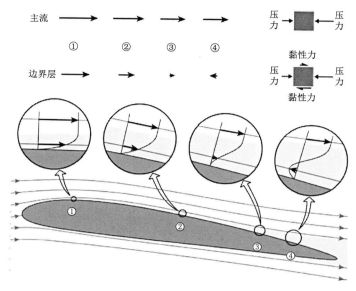

图 4-43 流动分离示意图

3. 分离区中的流动

流体域发生流动分离现象后,分离点下游即产生低速区,该低速区称为分离区,如图 4-44 所示。由迎水面顶点 A 至中部 B 点,为顺压梯度区,在该区域内,水体流动的流体压能向动能转变,不会发生边界层分离现象;当水流由 B 点流至 C 点,为逆压梯度区,该区域内,流体动能只存在损耗,流速快速减小;D 点即为图 4-42 中的分离点,在该点附近,由于压力升高,回流导致边界层分离,形成漩涡。

随着雷诺数逐步增大,边界层分离点不断前移,当其增大到一定程度后,将在阻挡物后的两侧周期性地脱落出旋转方向相反、排列规则的双列线涡,随着主流向下游流动,这就是流体力学中重要的卡门涡街现象。

4.6.2 倒虹吸出口水位波动现象

基于欧拉和伯努利流体运动定律的流体力学理论认为,如果忽略流体的黏性,则任何形状的物体在流体中运动都不产生阻力作用。若阻力仅与黏性相关,

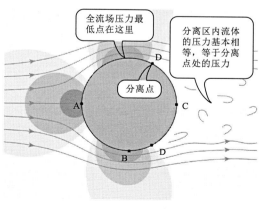

图 4-44 分离区内流动示意图

则空气中运动物体的阻力应非常小，但与实际测量得到的气动阻力相差很大，这是著名的"达朗贝尔佯谬"矛盾。普朗特提出边界层理论，认为压差阻力是气动阻力的主要原因，对于一般的物体，压差阻力则主要是由于边界层分离产生，流体中运动的物体会受到阻力作用，且阻力与物体形状密切相关。

在普朗特提出边界层理论之前，普遍认为物体前部的形状决定了阻力的大小，前部越尖锐，阻力就更小。但依据边界层理论，发现物体后部的形状更重要，后部的形状决定边界层分离的位置，从而决定物体表面的压力分布。

本书研究的倒虹吸出口尾墩形状为半圆形，其表面的压力分布与一般圆柱扰流相似，尾墩左右两侧形成低压区，且为流场中压力最小的点，尾墩后分离区内流体的压力较尾墩两侧较小。倒虹吸出口型式为 3 孔，由两个相同型式的尾墩将其隔开，边界层分离现象会导致尾墩两侧形成低压区，并在尾墩后成对出现卡门涡街现象，卡门涡街示意如图 4 - 45 所示。

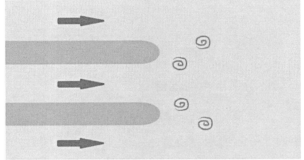

图 4 - 45　倒虹吸尾墩卡门涡街示意图

倒虹吸出口现场观测与数值计算结果均有卡门涡街，当出口尾墩后侧形成排列规则的双列卡门涡街后，漩涡处局部阻水，后方来水形成壅水现象，进而在倒虹吸出口闸室段形成周期性的水位波动。出口中孔处由于两个尾墩涡街作用的相互叠加，形成横向摆动，从而使中孔阻水作用增强，产生的水位波动效果较边孔更强。

4.6.3　倒虹吸出口异响现象

根据以上分析，倒虹吸出口尾墩附近的水体流动分离与卡门涡街现象，导致了水位波动，并沿孔身向上游传递。以出口中孔为例，分析倒虹吸出口处形成异响的内在原因，如图 4 - 46 所示。

（1）图 4 - 46（a）为倒虹吸出口段未发生异响时，出口流态较为平稳，未形成水位波动。

（2）图 4 - 46（b）为倒虹吸出口段形成周期性的水位波动现象，则会导致倒虹吸

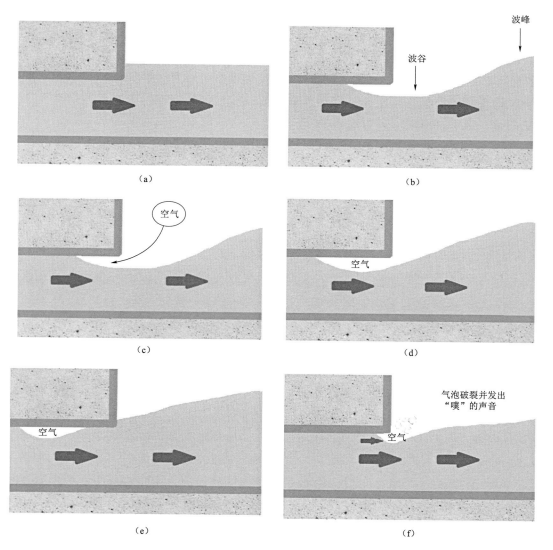

图 4-46 倒虹吸出口产生异响过程示意图

出口管身段出现水流波峰和波谷交替变化的状态，并向上游传递。

（3）图 4-46（c）为水流波谷传递到倒虹吸管身段出口处时，倒虹吸出口会暴露在空气中，导致空气进入倒虹吸出口管身段。

（4）图 4-46（d）为下一时刻，倒虹吸出口暴露在空气中的范围逐渐增大，大量空气进入倒虹吸出口管身段。

（5）图 4-46（e）为随着倒虹吸出口处的水位上下波动，水流波峰还未达到倒虹吸管身出口处时，空气团已被密闭封堵在管身中，同时后方来水将高度压缩空气团，形成高压气团。

（6）图 4 - 46（f）为高压气团在后方水流的推力作用下，随着倒虹吸上游水流向下游移动，当高压气团达到出口时，压力瞬间释放，高压气体夹杂细碎水流喷涌而出，形成周期性的"噗、噗"异响声，同时形成涌浪拍打弧形闸门面板。

综上所述，倒虹吸出口尾墩处是其形成异响与水位波动现象的策源地，由于水流流动分离原理，在尾墩后侧形成两列对称排列、周期性的卡门涡街，进而壅水后形成水位波动。由于发生卡门涡街的区域距离倒虹吸出口较近，形成的周期性起伏的水位波动传至该区域后，进而导致倒虹吸出口出现与涡街波动周期一致的规律性异响。

4.7　异响及水位异常波动对倒虹吸结构的影响

经上述理论分析、现场实测与数值模拟研究，可知倒虹吸尾墩区域形成的卡门涡街是出口异响及水位异常波动现象的原因。在工程领域，卡门涡街现象产生过诸多破坏影响，如潜水艇的潜望镜、锅炉的空气预热器管箱、海峡大桥、长跨度高斜拉桥等，都出现过由于卡门涡街的存在而破坏的情况。

通过对倒虹吸尾墩形成卡门涡街的数值计算可得，出口尾墩后会成对出现卡门涡街，将这种卡门涡街现象形成的过程进行分解，可得到如图 4 - 47 所示的涡街形成和分布状态。

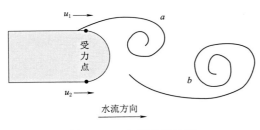

图 4 - 47　卡门涡街过程

当尾墩上方要形成漩涡时，尾墩上表面的流速会适当地加快，为 u_1，而尾墩下表面的流速则会相应地减小，为 u_2，他们之间存在速度差。根据伯努利原理，流速大的地方，其压强相应较小，故尾墩上表面的压强 P_1 会小于尾墩下表面的压强 P_2，此时尾墩会受到向上的作用力，而尾墩后方的漩涡是交替形成的，因此尾墩将受到交替变换的垂直于来流的作用力。长期来看，倒虹吸尾墩混凝土结构承受周期性的往复荷载作用，将对其结构安全性产生不利影响。同时，倒虹吸出口周期性喷涌而出的气流和高速水流也将对弧形闸门、主支臂及启闭杆的稳定性造成不良影响。

第5章

倒虹吸结构型式对水位
异常波动的影响

5.1 等价原则

为探究不同结构型式倒虹吸对下游水位异常波动的影响，特以山庄河倒虹吸为基准，采用流量等价、水深等价以及平均流速等价原则建立四孔倒虹吸出口段模型。模型选择与三孔倒虹吸相同的 RNG k-ε 模型，流量按照大流量输水工况设定，进出口水位和流速大小均按照等价原则计算得出，模型网格数量和三孔倒虹吸划分一致，模型进口设置为流量进口边界，模型出口设置为流速出口边界，初始水体高度根据上下游水位插值计算结果设定，水流黏滞系数设置为 $0.001\mathrm{N}\cdot\mathrm{s}/\mathrm{m}^2$，渠道糙率设置为 0.014，计算时间设置为 1800.0s。

5.2 四孔倒虹吸数值仿真模型

5.2.1 模型参数

发生异响均为三孔的倒虹吸，三孔倒虹吸出口闸室段水位波动强烈，根据现场实测，大流量输水时，下游尾墩后形成卡门涡街现象，水流紊乱，水位波动幅值达到了 0.9m 左右，并伴有"噗、噗"拍打闸门的异响声。四孔倒虹吸水位波动较弱，水流相对平缓，异响声较小。为探究不同结构倒虹吸对下游水位异常波动的影响，特以山庄河倒虹吸为基准，采用等价原则建立四孔倒虹吸出口段模型，如图 5-1 所示。本次同样选取倒虹吸模型闸室、出口段渐变段及部分渠道进行模拟计算。

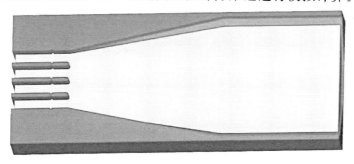

图 5-1 四孔倒虹吸出口段模型

模型选取与本书第 4.1.1 节一致。利用 SolidWorks 软件将所建立模型转换为 Flow－3D 软件可以识别的 STL 格式，然后利用 Flow－3D 流体计算软件进行模型的网格划分，利用 Flow－3D 软件对四孔倒虹吸模型进行六面体网格划分，四孔倒虹吸出口段网格图如图 5－2 所示。划分网格总数 4821626 个，其中流体网格总数 3613202 个，固体网格总数 1207602 个。

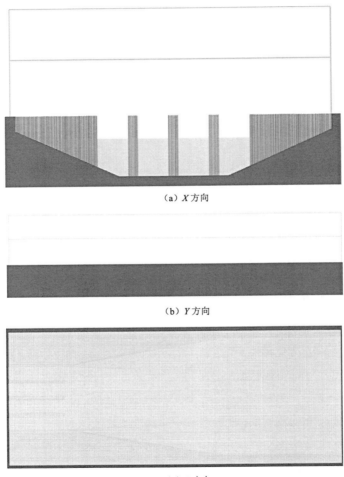

（a）X 方向

（b）Y 方向

（c）Z 方向

图 5－2　四孔倒虹吸出口段网格图

5.2.2　模型边界条件及初始条件设定

1. 边界条件划分

模型边界条件设置与本书第 4.1.2 节一致。模型边界条件示意如图 5－3 所示。

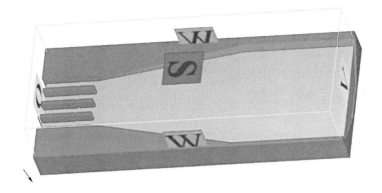

图 5-3　模型边界条件示意图

2. 模型初始条件设定

在 Flow-3D 完成对模型的参数设置。模型的初始条件、输出条件和数值计算条件等参数的设置与本书第 4.1.2 节保持一致。初始时间步长为 0.002，最小时间步长为 10^{-7}。完成参数设置后对计算进行预处理。若出现错误警告，应检查参数设置是否得当。

5.3　四孔倒虹吸工程大流量输水工况水力特性研究

5.3.1　四孔倒虹吸参数分析

1. 雷诺数

四孔倒虹吸在大流量输水工况下，节制闸闸门敞泄运行，输水流量为 263m³/s，倒虹吸出口处特征速度 $U=1.67$m/s，水力半径 $R=4.37$m，运动黏度 $\nu=1.003\times10^{-6}$m²/s，根据式（4-1）可得闸室进口处水流雷诺数 $Re=7.30\times10^{6}$。根据明渠及天然河道临界雷诺数可判断山庄河倒虹吸闸室段水流处于紊流状态；闸室出口尾墩处于超临界区，闸室出口尾墩处的边界层和尾流均为紊流。

2. 计算模型参数

在 Flow-3D 软件中运用 RNG k-ε 模型进行模拟，模型进口边界条件设置为流量进口边界，流量大小为 $263m^3/s$，模型出口边界条件设置为流速出口边界，流速大小为 $1.031m/s$，初始水体高度根据上下游水位插值计算结果设定，水流黏滞系数设置为 $0.001N \cdot s/m^2$，渠道糙率设置为 0.014，计算时间设置为 $1800.0s$。

5.3.2　流速云图结果分析

山庄河倒虹吸在大流量输水工况下管身段流速均匀平缓，故取倒虹吸出口处及渐变段流速分布云图进行分析，根据尾墩漩涡发展过程共选取 8 个时刻，色带范围设置为 $0 \sim 2.5m/s$，如图 5 - 4 所示。

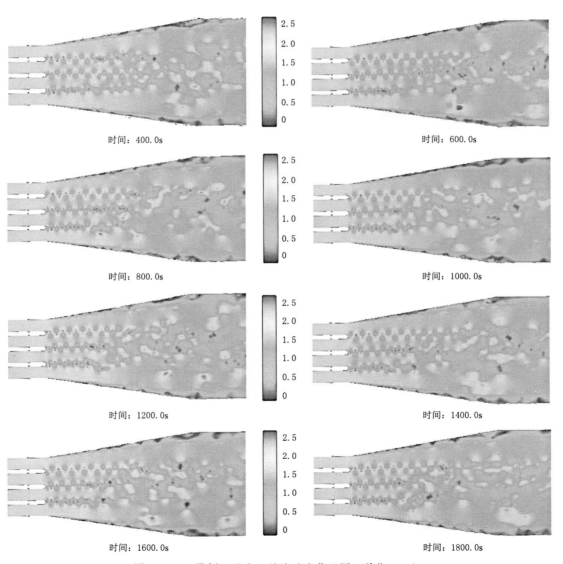

图 5 - 4　四孔倒虹吸出口处流速变化云图（单位：m/s）

由图可知：闸室内水流流速较大，两股水流在尾墩处交汇发生边界层分离，导致半圆形尾墩一侧逐渐生成漩涡，尾墩右侧和左侧区域形成的漩涡交替脱落，形成了典型的卡门涡街现象；尾墩一侧形成漩涡时，墩体表面会形成回流区域，漩涡内外出现速度差，该区域流速最大接近 2.5m/s。

5.3.3 水深云图结果分析

对四孔倒虹吸大流量输水工况下进行数值仿真计算，取倒虹吸出口段及渐变段水深变化云图进行分析，为了便于观测闸室内水位波动变化，色带设置为 5.0～7.3m，如图 5 - 5 所示。

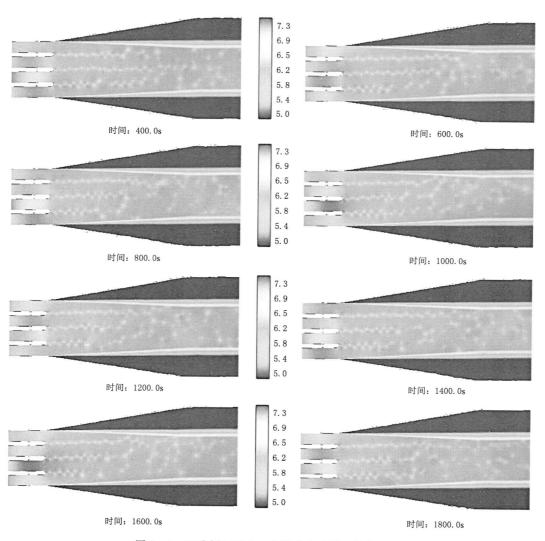

图 5 - 5 四孔倒虹吸出口水深变化云图（单位：m）

由图可知：水流过闸室过程中，闸室段水深为 7.1～7.3m；由于闸室出口处形成卡门涡街，漩涡导致局部阻水进而形成波动向上游传递，从而造成闸室段水深沿着水流方向逐渐呈波浪形变化，且闸墩左右两侧水深最大值呈交替变化，水深高度差达到 0.2m。

5.3.4 水位波动时程图分析

对四孔倒虹吸大流量输水工况下进行数值仿真计算，数值仿真计算在 400.0s 前还未进入稳定状态，闸室内水流状态变化较大，数据不具有参考性；计算时长 400.0s 以后，水流状态逐渐摆脱初始、边界条件约束。所以取 400.0～1800.0s 时间段各观测点水深变化时程曲线进行分析，倒虹吸出口水深变化情况如图 5-6～图 5-9 所示，其中闸孔按顺水流方向从左到右依次为 L、M_1、M_2、R。从水位波动时程曲线图中可知：水位波动幅值中间两孔最大，波动幅值最大为 0.2m。

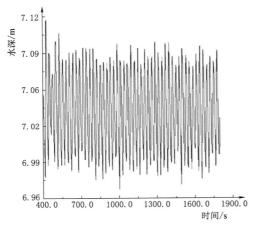

图 5-6 L 孔水位波动时程图

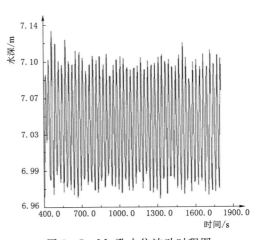

图 5-7 M_1 孔水位波动时程图

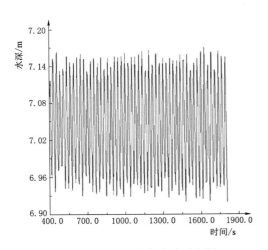

图 5-8 M_2 孔水位波动时程图

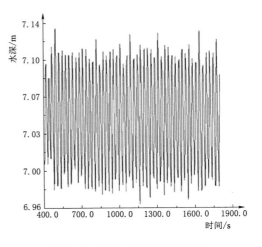

图 5-9 R 孔水位波动时程图

5.4 不同结构型式结果对比分析

不同结构型式倒虹吸模拟结果对比表见表5-1。

表5-1   **不同结构型式倒虹吸模拟结果对比表**

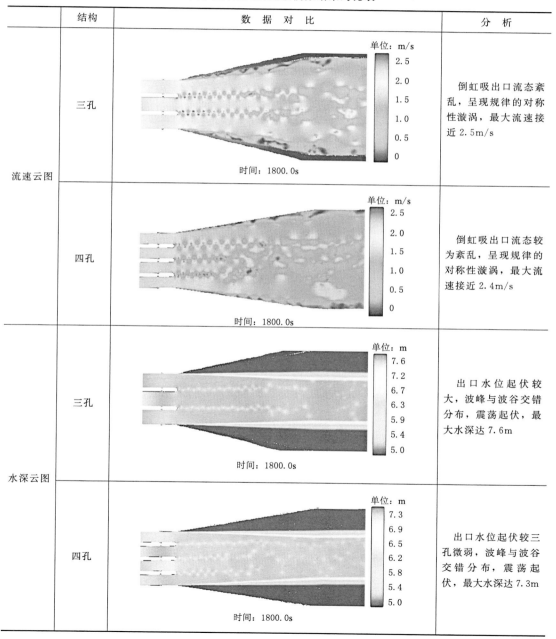

	结构	数 据 对 比	分 析
流速云图	三孔	单位：m/s 时间：1800.0s	倒虹吸出口流态紊乱，呈现规律的对称性漩涡，最大流速接近2.5m/s
	四孔	单位：m/s 时间：1800.0s	倒虹吸出口流态较为紊乱，呈现规律的对称性漩涡，最大流速接近2.4m/s
水深云图	三孔	单位：m 时间：1800.0s	出口水位起伏较大，波峰与波谷交错分布，震荡起伏，最大水深达7.6m
	四孔	单位：m 时间：1800.0s	出口水位起伏较三孔微弱，波峰与波谷交错分布，震荡起伏，最大水深达7.3m

续表

结构	数据对比	分析
三孔	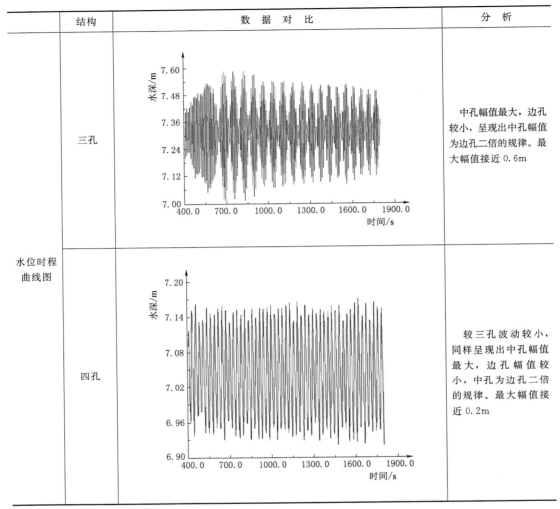	中孔幅值最大，边孔较小，呈现出中孔幅值为边孔二倍的规律。最大幅值接近 0.6m
四孔		较三孔波动较小，同样呈现出中孔幅值最大，边孔幅值较小，中孔为边孔二倍的规律。最大幅值接近 0.2m

（最左列标注：水位时程曲线图）

本章对四孔倒虹吸，分别从水深、流速以及水位波动幅值方面进行了分析，与本书第 4 章山庄河倒虹吸数据进行对比分析，可得出以下结论：

（1）同等流量工况下，四孔流态相对三孔较为稳定，流速小，下游水位低，出口处同样呈现较为规律且对称的漩涡，但水位波动幅值较小。

（2）三孔倒虹吸中孔水流流速最大，当闸室出口尾墩处形成双列卡门涡街时，脱落的漩涡造成局部阻水，进而形成波动，由于中孔流速最大与左右两孔形成流速差，使闸墩两侧产生的漩涡具有一定的相位差，从而在左右两侧形成波峰波谷对称的波动向上游传递，所产生的差量与波动叠加，发生波动幅值的共振现象，从而产生较为强烈的波动。而四孔倒虹吸结构对称，四孔流速几乎一致，相互不会产生较大的流速差，使闸墩两侧产生的漩涡相位差较小，从而产生的波动比较微弱。

5.5　结构型式对水位波幅的影响分析

不同型式倒虹吸出口的流速对比（相同时刻）见表 5-2。

由本书第 4 章可知，倒虹吸出口产生水位异常波动的主要原因是：尾墩后形成的卡门涡街现象。当卡门涡街的漩涡形成时，将造成局部阻水现象，进而形成向上游传递的水位波动。

表 5-2 给出了不同型式倒虹吸（三孔和四孔）出口处的流速对比（相同时刻），可以看出，三孔倒虹吸与四孔倒虹吸结构形式不同，在出口处的卡门涡街排列规律与涡街强度均有很大区别。由表 5-1 和表 5-2 可知，四孔倒虹吸的漩涡强度及形成的波动幅值均明显比三孔倒虹吸的程度低，根据倒虹吸出口异响及水位异常波动机理的分析（本书第 4.6 节），波动幅值与形成的异响及异常波动现象密切相关，可初步认为四孔倒虹吸发生异响及异常波动现象的程度较轻。下面详细分析四孔倒虹吸出口形成水位波动的过程，如图 5-10、图 5-11 所示。

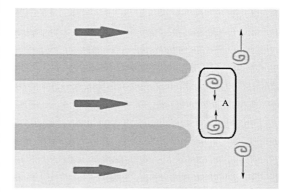

图 5-10　三孔出口涡街传递图

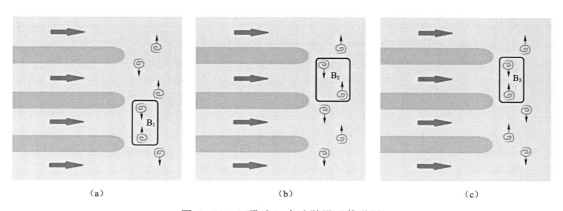

|(a)|(b)|(c)|

图 5-11　四孔出口高速漩涡区传递图

（1）图 5-10 展示了三孔倒虹吸出口形成涡街的过程，倒虹吸出口分为左、中、右三孔。倒虹吸出口中孔两侧尾墩内边缘处，首先形成规则排列的双列线性卡门涡街，也就是在图中 A 区域，两侧漩涡形成后，将向中孔中部扩展并形成局部阻水现

表 5 - 2　　　　　　不同形式倒虹吸出口的流速对比（相同时刻）

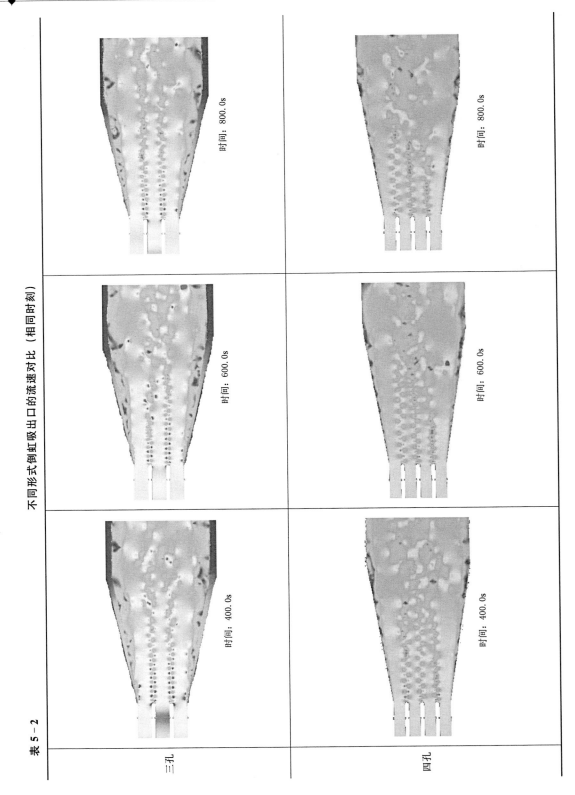

三孔　时间：400.0s　时间：600.0s　时间：800.0s

四孔　时间：400.0s　时间：600.0s　时间：800.0s

象，进而与后方来水形成壅水，抬高该部位水位，形成波峰并随之向上游传递，且其频率与卡门涡街脱落涡频率一致。中孔由于两侧漩涡壅水，其波峰幅值较左孔、右孔单侧漩涡壅水的幅值略大。中孔的波动基本不受左右两侧边孔影响。

（2）图 5 - 11 展示了四孔倒虹吸出口形成涡街的过程，四孔倒虹吸分为左边孔、左中孔、右中孔、右边孔，其变化较三孔更为复杂。

1）图 5 - 11 （a）中当右中孔内侧首先出现两个漩涡，即 B1 区域，两侧漩涡形成后，将向右中孔中部扩展并形成局部阻水现象，进而与后方来水形成壅水，抬高该部位水位，形成波峰并随之向上游传递，且其频率与卡门涡街脱落涡频率一致。

2）下一时刻，图 5 - 11 （b）给出了左中孔出现漩涡情况，即 B2 区域，此时左中孔两侧漩涡存在相位差，不再呈对称分布，其向中部壅水效果较右中孔弱，形成的向上游传递波动的波峰幅值较右中孔低，在该孔形成的异响及水位异常波动现象程度也较右中孔的程度轻。

3）再下一时刻，图 5 - 11 （c）给出了左中孔再次出现漩涡情况，即 B3 区域，此时在左中孔两侧出现对称分布的漩涡，其发展过程与图 5 - 11 （a）右中孔相似，将可能再次形成较大幅值的波动。

4）在该变化过程中，左边孔、右边孔的漩涡及其形成的壅水和波动，与三孔倒虹吸相似，波动幅值较小，且均不对左中孔和右中孔的波动产生影响。

综上所述，四孔倒虹吸出口水位波动过程较为复杂，虽左边孔、右边孔不会对左中孔和右中孔的波动产生影响，但左边孔和右边孔的漩涡生成呈现不对称分布和两侧相互影响的情况，其壅水的波动幅值明显较三孔倒虹吸幅值低，发生的异响与水位异常波动现象程度弱。根据现场调研和实测结果（见本书第 3 章）可知，宝丰管理处的应河倒虹吸为四孔倒虹吸，在大流量输水期间，其产生的水位波动幅值明显小于其他下游的三孔倒虹吸波动幅值，与数值计算结果一致。

第 6 章

不同流量对水位异常波动的影响研究

6.1 流量工况设定

为研究不同流量对倒虹吸出口异响及水位异常波动的影响，根据现场调研的水情数据，本章在大流量输水、设计流量及加大流量工况的基础上添加 80m³/s、120m³/s、150m³/s、200m³/s 四种输水流量工况进行数值模拟，探寻影响水位异常波动的内在机理。为保证不同流量为几种工况的唯一变量，数值仿真计算仍使用本书第 4 章中的山庄河模型。

计算工况的数值仿真湍流模型选择 RNG k-ε 模型，输水流量按照工况流量大小设定，进出口设计水位和出口流速大小按照插值法计算，模型网格数量和设计流量工况划分一致，模型进口设置为流量进口边界，模型出口设置为流速出口边界，初始水体高度根据上下游水位插值计算结果设定，水流黏滞系数设置为 0.001N·s/m²，渠道糙率设置为 0.014，计算时间设置为 1800.0s。

为较好地区分流量对水位的影响，特对工况进行编号，不同工况参数及符号表示见表 6-1。

表 6-1 不同输水流量工况表示符号

输水工况	200m³/s	150m³/s	120m³/s	80m³/s
表示符号	Q1	Q2	Q3	Q4

6.2 不同流量工况的流速特性对比分析

本次模拟的 4 种工况仍取倒虹吸出口处及渐变段流速分布云图进行分析，根据尾墩漩涡发展过程共选取 4 个时刻，色带范围随流量不同单独设定，如图 6-1～图 6-4 所示。

由图可知：闸室内水流流速较大，两股水流在尾墩处交汇发生边界层分离，导致半圆形尾墩一侧逐渐生成漩涡，尾墩右侧和左侧区域形成的漩涡交替脱落，形成了典型的卡门涡街现象；尾墩一侧形成漩涡时，墩体表面会形成回流区域，漩涡内外出现速度差。随着输水流量的减小，4 种工况下尾墩处形成的卡门涡街强度逐渐降低，尾墩处及出口渐变段流速也随着输水流量减小而降低。

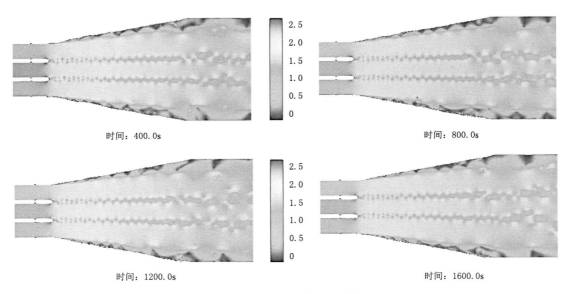

时间：400.0s

时间：800.0s

时间：1200.0s

时间：1600.0s

图 6 - 1　工况 Q1 流速分布图（单位：m/s）

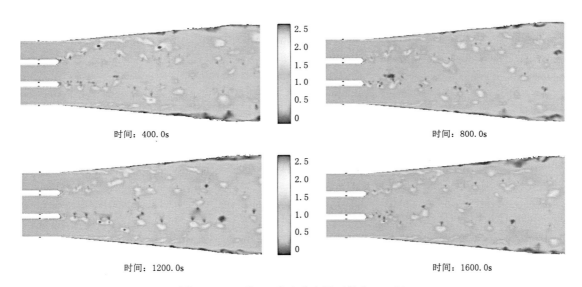

时间：400.0s

时间：800.0s

时间：1200.0s

时间：1600.0s

图 6 - 2　工况 Q2 流速分布图（单位：m/s）

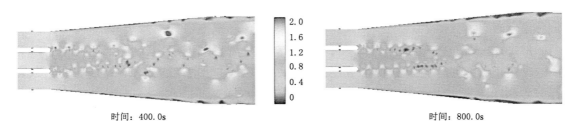

时间：400.0s

时间：800.0s

图 6 - 3（一）　工况 Q3 流速分布图（单位：m/s）

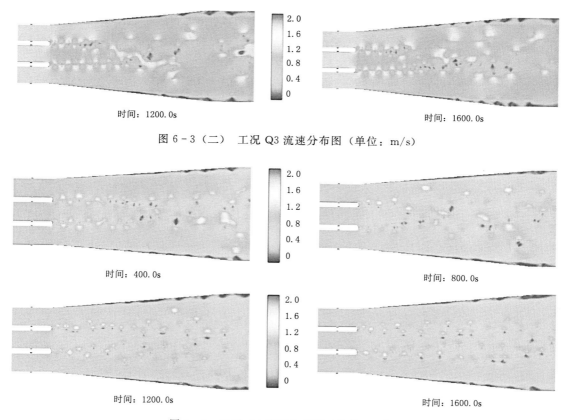

时间：1200.0s　　　　　　　　　　　　时间：1600.0s

图 6-3（二）　工况 Q3 流速分布图（单位：m/s）

时间：400.0s　　　　　　　　　　　　时间：800.0s

时间：1200.0s　　　　　　　　　　　　时间：1600.0s

图 6-4　工况 Q4 流速分布图（单位：m/s）

6.3　不同流量工况的水深特性对比分析

　　工况 Q1、Q2、Q3、Q4 模型出口段水深分布如图 6-5～图 6-8 所示，由于输水流量大小不同，闸室内水深会随流量减小逐渐下降，所以水深云图中色带数值需要单独设定。从水深分布云图中可以看出：随着输水流量的减小，闸室段水位随之降低，波动幅值也逐渐减小。

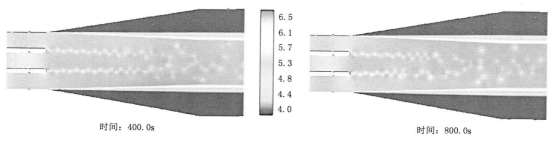

时间：400.0s　　　　　　　　　　　　时间：800.0s

图 6-5（一）　工况 Q1 水深分布图（单位：m）

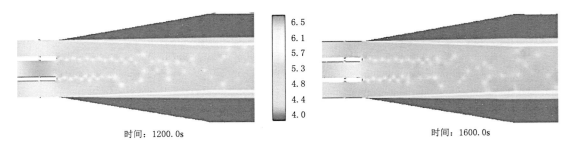

时间：1200.0s　　　　　　　　时间：1600.0s

图 6-5（二）　工况 Q1 水深分布图（单位：m）

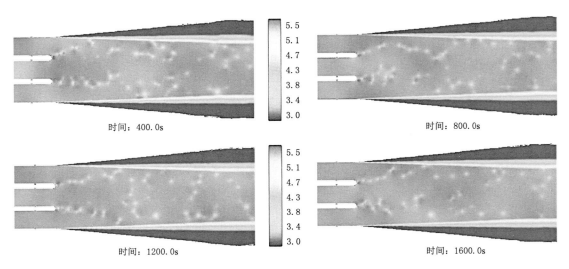

时间：400.0s　　　　　　　　时间：800.0s

时间：1200.0s　　　　　　　　时间：1600.0s

图 6-6　工况 Q2 水深分布图（单位：m）

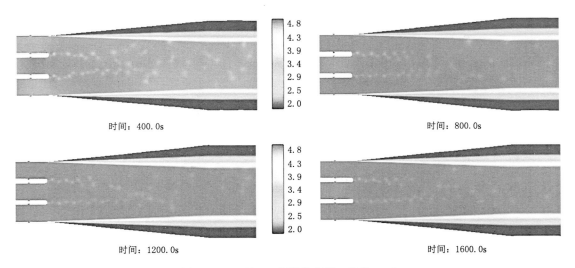

时间：400.0s　　　　　　　　时间：800.0s

时间：1200.0s　　　　　　　　时间：1600.0s

图 6-7　工况 Q3 水深分布图（单位：m）

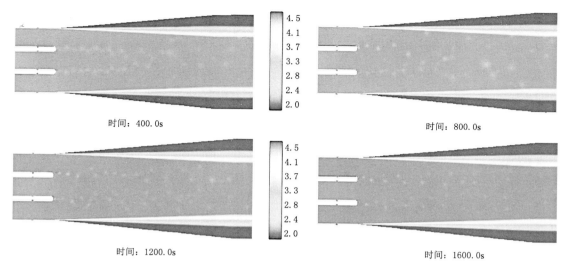

时间：400.0s

时间：800.0s

时间：1200.0s

时间：1600.0s

图 6-8　工况 Q4 水深分布图（单位：m）

6.4　不同流量工况的水位波动特性对比分析

四种工况模型测点如图 4-6 所示，根据大流量输水工况可知，每孔三个测点波动曲线基本一致，故本次只取中间测点作为研究对象。Q1、Q2、Q3、Q4 模型出口段水位波动时程如图 6-9～图 6-20 所示，由水位波动时程图可知：随着输水流量的减小，测点水位波动幅值逐渐减小，工况 Q1 输水流量 200m^3/s 时水位波动幅值为 0.4m；工况 Q2 输水流量 150m^3/s 时水位波动幅值为 0.19m；工况 Q3 输水流量 120m^3/s 时水位波动幅值为 0.11m；工况 Q4 输水流量 80m^3/s 时水位波动幅值为 0.07m。

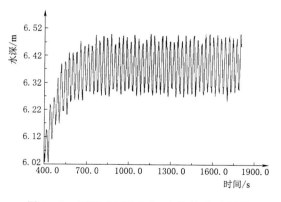

图 6-9　工况 Q1 测点 L$_2$ 水位波动时程图

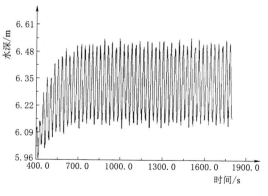

图 6-10　工况 Q1 测点 M$_2$ 水位波动时程图

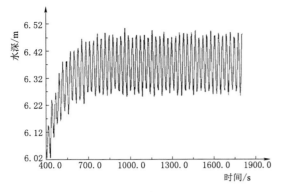

图 6-11　工况 Q1 测点 R_2 水位波动时程图

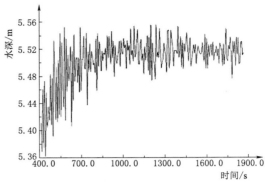

图 6-12　工况 Q2 测点 L_2 水位波动时程图

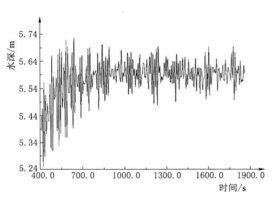

图 6-13　工况 Q2 测点 M_2 水位波动时程图

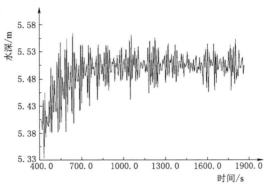

图 6-14　工况 Q2 测点 R_2 水位波动时程图

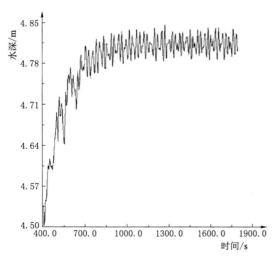

图 6-15　工况 Q3 测点 L_2 水位波动时程图

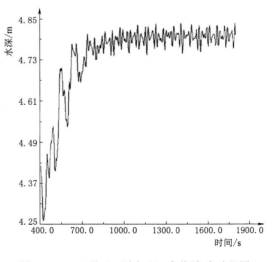

图 6-16　工况 Q3 测点 M_2 水位波动时程图

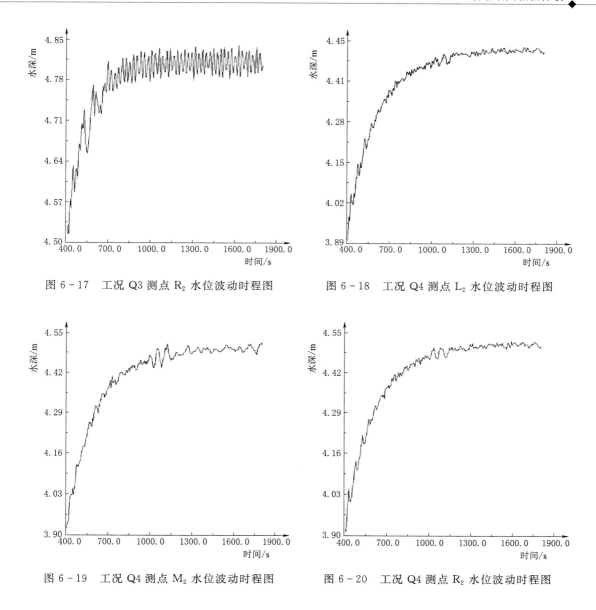

图 6-17 工况 Q3 测点 R_2 水位波动时程图

图 6-18 工况 Q4 测点 L_2 水位波动时程图

图 6-19 工况 Q4 测点 M_2 水位波动时程图

图 6-20 工况 Q4 测点 R_2 水位波动时程图

6.5 波动最大幅值分析

根据山庄河倒虹吸不同输水流量工况下的波动计算，对水位波动最大幅值进行研究，图 6-21 为波动幅值随输水流量变化曲线图。为了使波动曲线更加地精确和光滑，在上述所选工况基础上，细化输水流量工况，分别增加到 300m³/s、263m³/s、250m³/s、234m³/s 输水流量工况计算数据。

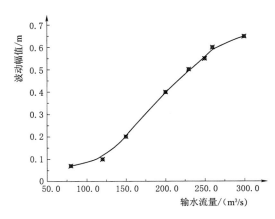

图 6 - 21　波动幅值随输水流量变化曲线图

从图 6 - 21 中可知，当输水流量为 80m³/s，波动幅值最小，为 0.07m；随着输水流量的增加，水位波动幅值逐渐上升；输水流量为 80～120m³/s 时，波动幅值平缓上升；当输水流量升至 120m³/s，最大波动幅值升为 0.11m；当输水流量在 120～263m³/s 时，波动幅值上升迅速；输水流量为 300m³/s 时，水位波动最大，达到了 0.65m。

根据计算结果及现场调研情况综合考虑，可以认为当输水流量低于 120m³/s，波动幅值小于 0.11m 时，倒虹吸出口闸室内的水位波动趋于稳定且不会产生影响工程安全的因素，无需采取任何工程措施。

综上所述，从尾墩后的流场分布、闸室内水深分布、水位波动幅值等变化过程看，随着输水流量减小，水流的能量越来越小，出口处卡门涡街强度逐渐变弱，向上游传递的能量递减，低于一定输水流量后，将不再形成闸室内的波动现象。

第7章

控制水位异常波动的
工程措施研究

7.1　控制措施方案

通过对山庄河倒虹吸各流量工况下的数值仿真计算，以及不同输水流量对水位波动影响的数值仿真计算，可以看出，造成倒虹吸出口闸室段出现水位异常波动的主要因素是出口尾墩体型设计不合理，会导致两孔水流急速汇流，墩尾周期性脱落出旋转方向相反、排列规则的双列线涡，经过非线性作用后，形成卡门涡街。当倒虹吸出口闸室尾墩处形成双列卡门涡街时，脱落的漩涡造成局部阻水，进而形成波动，而左、右两侧产生的漩涡具有一定的相位差，从而在左右闸室内形成波峰波谷对称的波动向上游传递，具有相位差的波动导致原来均衡的流量发生变化，所产生的差异流量与波动叠加，发生波动幅值的共振现象，最终在闸室内形成了水位波动。

通过对山庄河倒虹吸产生波动的成因分析，提出两种处理措施方案。

1. 尾墩导流措施方案

尾墩导流是水工建筑中常见的消除漩涡工程措施，为研究倒虹吸尾涡及波动消除的合理工程措施，采用对原始尾墩延长，椭圆形、双圆弧形、三角形、一字形以及鱼刺形五种型式的尾墩导流方案中，椭圆形尾墩效果最好，因此本书选择椭圆形尾墩进行探究。

2. 闸室底坎措施方案

水工建筑物中常采用添加底坎的方式改善流态、消除涡流强度等。考虑到方便施工的因素，研究采用齿坎形底坎，主要有两种方案：①在闸室中孔出口处加齿坎形底坎；②在闸室两边孔出口处加齿坎形底坎。

7.2　尾墩导流措施设计方案

7.2.1　椭圆形尾墩模型参数

为了研究椭圆形尾墩（图 7-1）长短对闸室内水位波动大小的影响，选取 5 种不同长度椭圆形尾墩的倒虹吸模型进行数值仿真计算，分别为 1.8m、2.7m、3.6m、5.4m 和原始半圆形尾墩 0.9m，不同工况参数及符号表示见表 7-1。

表 7-1		不同尾墩长度工况表示符号			
尾墩长度/m	0.9	1.8	2.7	3.6	5.4
表示符号	T1	T2	T3	T4	T5

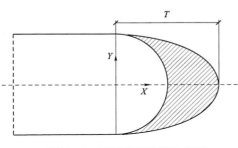

图 7-1 椭圆形导流墩示意图

为了保证尾墩长短为几种模型的唯一变量,本次数值仿真计算采用大流量输水工况作为本次计算工况,$Re = 9.34 \times 10^6$。湍流模型选择为 RNG $k-\varepsilon$ 模型,大流量输水工况的流量大小为 263m³/s,出口水位为 98.88m。模型网格数量和原始半圆形尾墩工况一致,模型进口设置为流量进口边界,流量大小设置为 263m³/s,模型出口设置为流速出口边界,流速大小为 1.031m/s,初始水体高度根据上下游水位插值计算结果设定,水流黏滞系数设置为 0.001N·s/m²,渠道糙率设置为 0.014,计算时间设置为 1800.0s。

7.2.2 流速云图结果分析

工况 T1、T2、T3、T4、T5 模型出口流速分布如图 7-2～图 7-6 所示。从图中可以看出:4 种不同长度加长尾墩对流速都有影响,椭圆形尾墩会使出口处左右两侧水流汇流平缓,随着椭圆形尾墩长度的增加,倒虹吸下游出口处流速变小,漩涡强度逐渐减弱,漩涡数量减少。

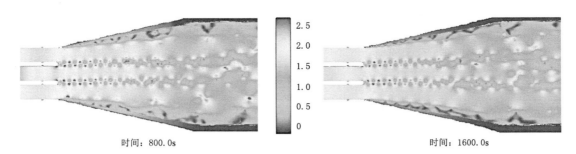

时间:800.0s   时间:1600.0s

图 7-2 工况 T1 出口流速分布图(单位:m/s)

7.2.3 水深云图结果分析

工况 T1、T2、T3、T4、T5 模型出口段水深分布如图 7-7～图 7-11 所示,从

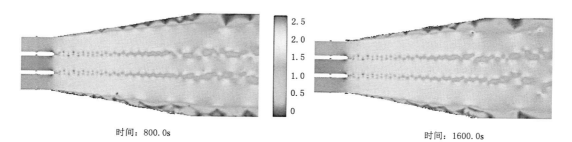

时间：800.0s　　　　　　　　　　　　时间：1600.0s

图 7-3　工况 T2 出口流速分布图（单位：m/s）

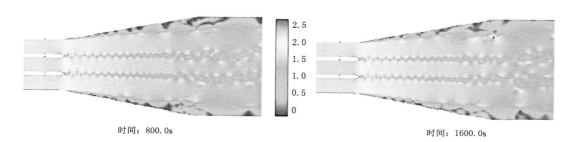

时间：800.0s　　　　　　　　　　　　时间：1600.0s

图 7-4　工况 T3 出口流速分布图（单位：m/s）

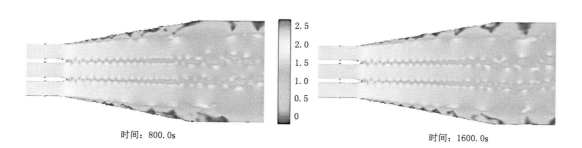

时间：800.0s　　　　　　　　　　　　时间：1600.0s

图 7-5　工况 T4 出口流速分布图（单位：m/s）

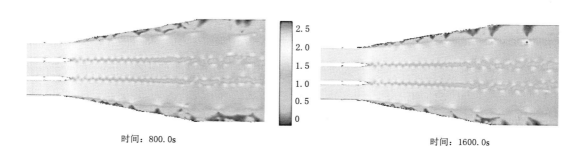

时间：800.0s　　　　　　　　　　　　时间：1600.0s

图 7-6　工况 T5 出口流速分布图（单位：m/s）

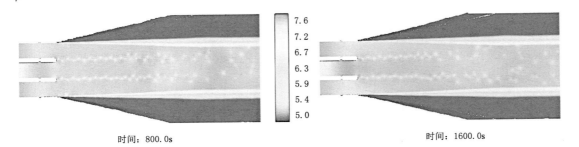

图 7 - 7　工况 T1 出口段水深分布图（单位：m）

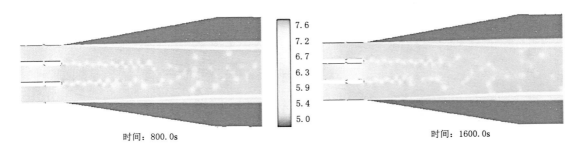

图 7 - 8　工况 T2 出口段水深分布图（单位：m）

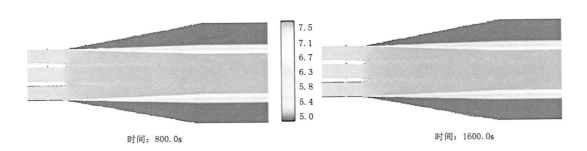

图 7 - 9　工况 T3 出口段水深分布图（单位：m）

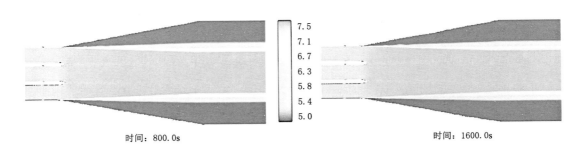

图 7 - 10　工况 T4 出口段水深分布图（单位：m）

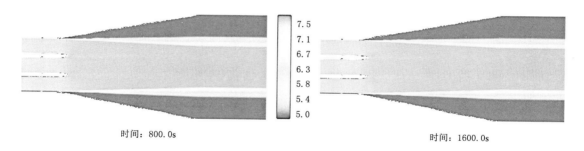

时间：800.0s　　　　　　　　　　　　　　　时间：1600.0s

图 7-11　工况 T5 出口段水深分布图（单位：m）

水深分布云图中可以看出：随着椭圆形尾墩长度的增加，倒虹吸出口段波动幅值逐渐减小，椭圆形尾墩长度为 2.7m（工况 T3）时，出口段波动基本消失。

7.2.4　水位波动时程图分析

模型数据参考点如图 4-6 所示。由于每个孔中三个参考点波动曲线基本一致，本次研究只取每个孔的中间点进行分析。工况 T1 模型测点水位波动时程曲线如图 4-8、图 4-11、图 4-14 所示，工况 T2、T3、T4、T5 模型出口段水位波动时程如图 7-12～图 7-23 所示，从水位波动时程图中可以看出：随着椭圆形尾墩长度的增加，测点处的水位波动逐渐减小，工况 T2 尾墩长度 1.8m 时水位波动幅值为 0.44m；工况 T3 尾墩长度 2.7m 时水位波动幅值为 0.15m；工况 T4 尾墩长度 3.6m 时水位波动幅值为 0.13m；工况 T5 尾墩长度 5.4m 时水位波动幅值为 0.11m。

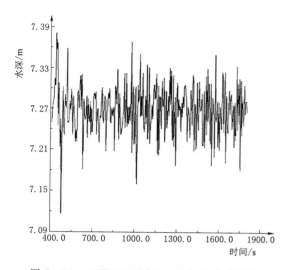

图 7-12　工况 T2 测点 L_2 水位波动时程图

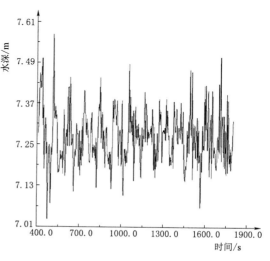

图 7-13　工况 T2 测点 M_2 水位波动时程图

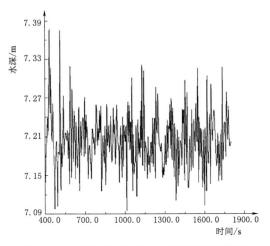

图 7-14　工况 T2 测点 R_2 水位波动时程图

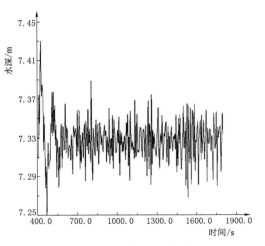

图 7-15　工况 T3 测点 L_2 水位波动时程图

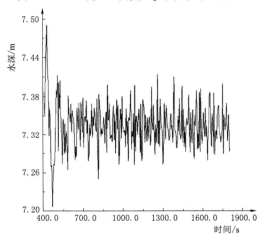

图 7-16　工况 T3 测点 M_2 水位波动时程图

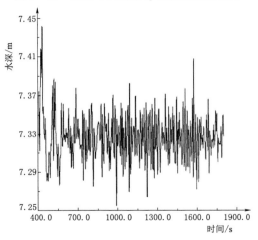

图 7-17　工况 T3 测点 R_2 水位波动时程图

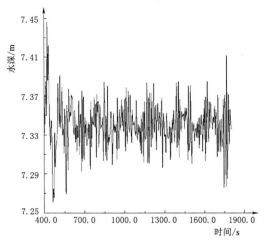

图 7-18　工况 T4 测点 L_2 水位波动时程图

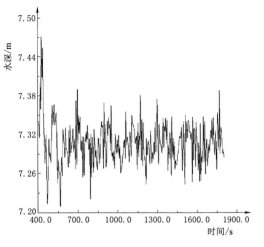

图 7-19　工况 T4 测点 M_2 水位波动时程图

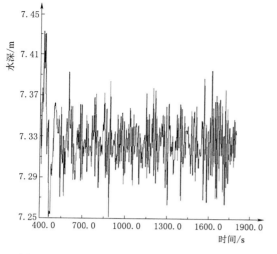

图 7-20 工况 T4 测点 R_2 水位波动时程图

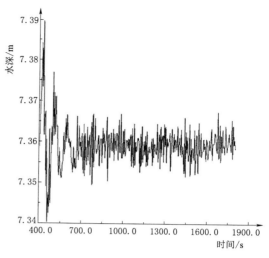

图 7-21 工况 T5 测点 L_2 水位波动时程图

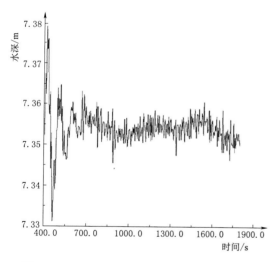

图 7-22 工况 T5 测点 M_2 水位波动时程图

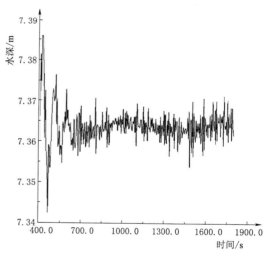

图 7-23 工况 T5 测点 R_2 水位波动时程图

7.2.5 波动最大幅值分析

根据山庄河倒虹吸出口段椭圆形尾墩不同长度工况的计算，对水位波动最大幅值进行研究，图 7-24 给出了波动幅值随尾墩长度变化曲线图。从图中可知，原始尾墩形式水位波动最大，达到了 0.6m；随着增加椭圆形尾墩，水位波动幅值逐渐下降，当椭圆形尾墩长度为 0.9～2.7m 时，波动幅值下降迅速；当椭圆形尾墩长度达到 3.6m，最大波动幅值降为 0.13m，3.6～5.4m 时，波动降幅趋于稳定；当椭圆形尾

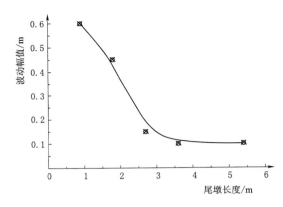

图 7-24 波动幅值随尾墩长度变化曲线图

墩长度达到 5.4m 时,波动幅值 0.11m 左右。可以认为当椭圆形尾墩长度超过 3.6m,波动幅值小于 0.13m 时,闸室内的水位波动趋于稳定且不会产生影响工程安全的因素。

综上所述,从尾墩后的流场分布、闸室内水深分布、水位波动幅值等变化过程看,随着椭圆形尾墩长度增加,出口处卡门涡街强度逐渐降低,向上游传递的能量递减,漩涡强度低于一定强度时,将不再影响进口处流量、流速等水流状态,也不再形成闸室内的波动现象。

7.3 闸室底坎措施设计方案

7.3.1 中孔底坎模型参数

为了研究齿坎形底坎对倒虹吸内水位波动大小的影响,本次计算选择在倒虹吸中孔出口处添加齿坎形底坎,放置位置如图 7-25 所示。在 Flow-3D 软件中进行数值仿真计算,探究倒虹吸出口流速、水深的变化过程,并对其流速及水深云图展开分析。

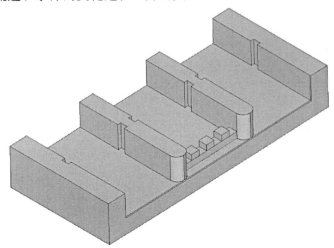

图 7-25 齿坎形底坎示意图

本次数值仿真计算采用大流量输水工况作为计算工况，水流雷诺数为 7.30×10^6。湍流模型选择 RNG $k-\varepsilon$ 模型，大流量输水工况的流量为 $263\mathrm{m}^3/\mathrm{s}$，出口水位为 98.88m。模型网格数量和原始无底坎工况一致，倒虹吸模型进口设置为流量进口边界，流量设置为 $263\mathrm{m}^3/\mathrm{s}$，模型出口设置为流速出口边界，流速为 1.031m/s，初始水体高度根据上下游水位插值计算结果设定，水流黏滞系数设置为 $0.001\mathrm{N} \cdot \mathrm{s}/\mathrm{m}^2$，渠道糙率设置为 0.014，计算时间设置为 1800.0s。

1. 流速云图结果分析

山庄河倒虹吸在大流量输水工况下管身段流速均匀平缓，故取倒虹吸出口处及渐变段流速分布云图进行分析，色带范围设置为 $0 \sim 2.5\mathrm{m}/\mathrm{s}$，如图 7-26 所示。由图可

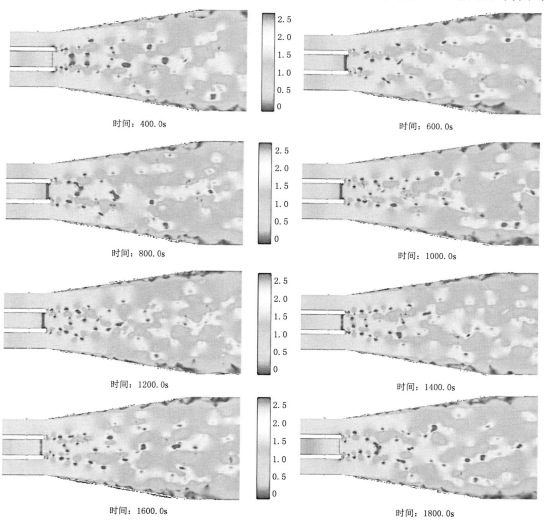

图 7-26 山庄河倒虹吸出口处流速变化云图（单位：m/s）

知：闸室内水流流速有所改善，流速变缓。两股水流在尾墩处交汇发生边界层分离，导致半圆形尾墩一侧逐渐生成漩涡，尾墩右侧和左侧区域形成的漩涡交替脱落，形成了典型的卡门涡街现象；尾墩一侧形成漩涡时，墩体表面会形成回流区域，漩涡内外出现速度差，该区域流速最大接近2.5m/s。由于中孔底坎的作用，墩后形成的漩涡不再呈现对称分布，对回流区域产生制约，水位波动有所改善。

2. 水深云图分析

对山庄河倒虹吸中孔加齿坎在大流量输水工况下进行数值仿真计算，取倒虹吸出口段及渐变段水深变化云图进行分析，为了便于观测闸室内水位波动变化，色带设置为4.0～7.3m，如图7-27所示。由图可知：水流过闸室过程中，闸室段水深为

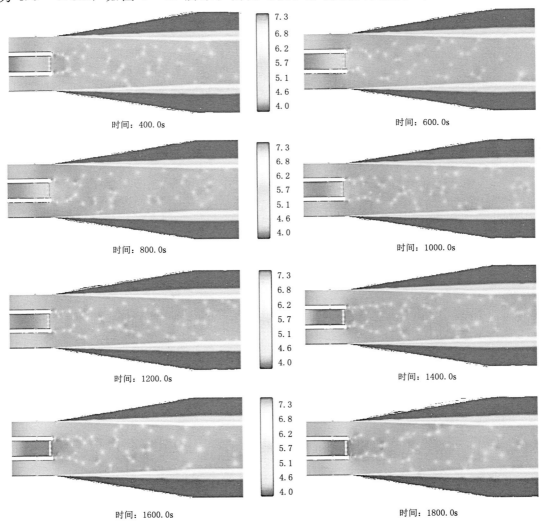

图7-27 山庄河倒虹吸出口水深变化云图（单位：m）

6.8～7.3m；由于闸室出口处形成卡门涡街，漩涡导致局部阻水进而形成波动向上游传递，从而造成闸室段水深沿着水流方向逐渐呈波浪形变化，且闸墩左右两侧水深最大值呈交替变化，水深高度差达到 0.45m，较原闸门敞泄工况，波动幅度有所降低。

3. 水位波动时程图分析

对山庄河倒虹吸中孔加齿坎在大流量输水工况下进行数值仿真计算，数值仿真计算在 400.0s 前还未进入稳定状态，闸室内水流状态变化较大，数据不具有参考性；计算时长 400.0s 以后，水流状态逐渐摆脱初始、边界条件约束。所以取 400.0～1800.0s 时间段各观测点（图 7-28）水深变化时程曲线进行分析，根据大流量输水工况可知，每孔三个测点波动曲线基本一致，故本次只取中间测点进行研究，倒虹吸出口水深变化情况如图 7-29～图 7-31 所示，其中闸孔按顺水流方向从左到右依次为 L、M、R 孔。从水位波动时程曲线图中可知：水位波动幅值中孔最大，波动幅值最大为 0.45m。

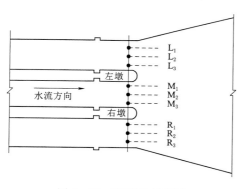

图 7-28 观测点布置图

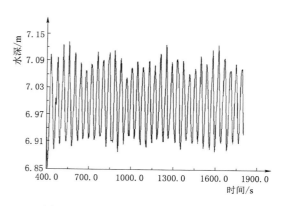

图 7-29 观测点 L_2 处水深变化曲线

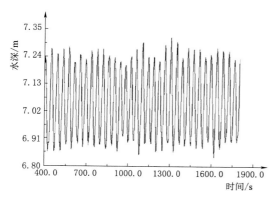

图 7-30 观测点 M_2 处水深变化曲线

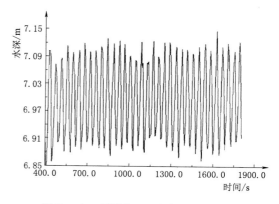

图 7-31 观测点 R_2 处水深变化曲线

7.3.2　边孔底坎模型参数

为了研究齿坎形底坎对倒虹吸闸室内水位波动大小的影响,本次计算选择在倒虹吸边孔出口处添加齿坎形底坎,放置位置如图 7-32 所示。在 Flow-3D 软件中模拟倒虹吸出口流场,分析出口流速、水深等水力参数变化。

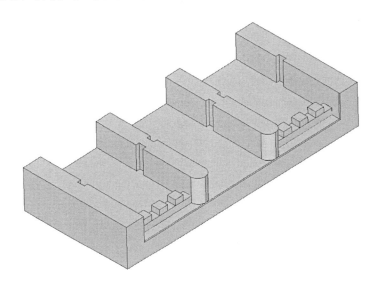

图 7-32　齿坎形底坎示意图

本次计算采用 263m³/s 大流量输水工况,出口水位为 98.88m 出口水流雷诺数为 7.30×10⁶。采用 RNG k-ε 模型进行数值模拟。模型网格数量和原始无底坎工况一致,倒虹吸模型进口设置为流量进口边界,流量设置为 263m³/s,模型出口设置为流速出口边界,流速为 1.031m/s,初始水体高度根据上下游水位插值计算结果设定,水流黏滞系数设置为 0.001N·s/m²,渠道糙率设置为 0.014,计算时间设置为 1800.0s。

1. 流速云图结果分析

山庄河倒虹吸在大流量输水工况下管身段流速均匀平缓,故取倒虹吸出口处及渐变段流速分布云图进行分析,色带范围设置为 0～2.5m/s,如图 7-33 所示。由图可知:闸室内水流流速较大,两股水流在尾墩处交汇发生边界层分离,导致半圆形尾墩一侧逐渐生成漩涡,尾墩右侧和左侧区域形成的漩涡交替脱落,形成了典型的卡门涡街现象;尾墩一侧形成漩涡时,墩体表面会形成回流区域,漩涡内外出现速度差,该

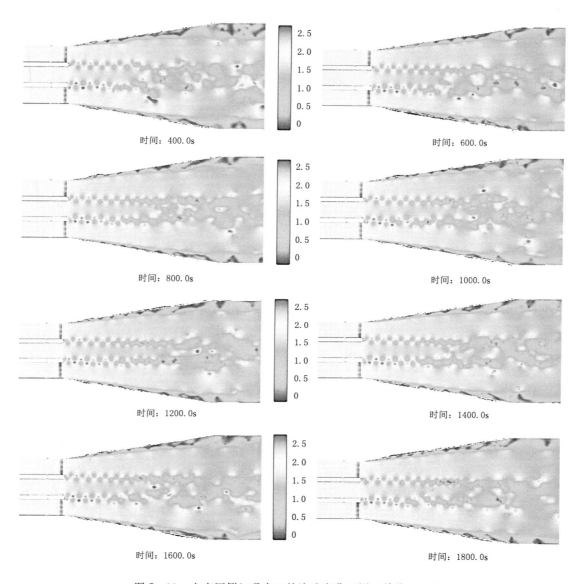

图 7-33　山庄河倒虹吸出口处流速变化云图（单位：m/s）

区域流速最大接近 2.5m/s。

2. 水深云图分析

　　对山庄河倒虹吸边孔加齿坎在大流量输水工况下进行数值仿真计算，取倒虹吸出口段及渐变段水深变化云图进行分析，为了便于观测闸室内水位波动变化，色带设置为 4.0～7.1m，如图 7-34 所示。由图可知：水流过闸室过程中，闸室段水深为7.0～7.1m；由于闸室出口处形成卡门涡街，漩涡导致局部阻水进而形成波动向上游

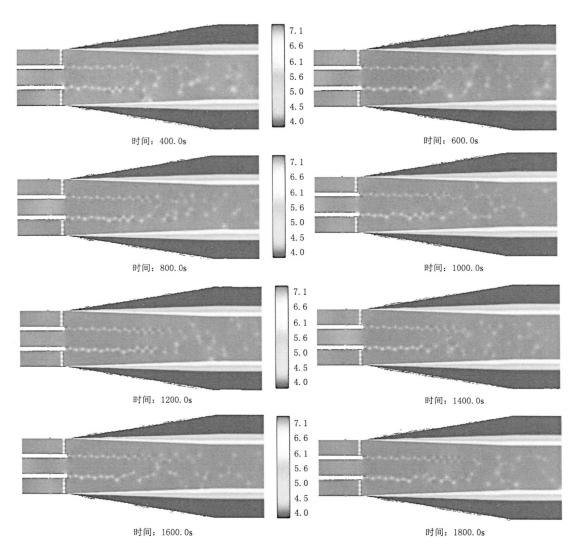

时间：400.0s

时间：600.0s

时间：800.0s

时间：1000.0s

时间：1200.0s

时间：1400.0s

时间：1600.0s

时间：1800.0s

图 7 - 34　山庄河倒虹吸出口水深变化云图（单位：m）

传递，从而造成闸室段水深沿着水流方向逐渐呈波浪形变化，且闸墩左右两侧水深最大值呈交替变化，由于边坎的作用，闸室内外水流得到了很好的改善，水深高度差仅有 0.1m，水位波动现象基本消失。

3. 水位波动时程图分析

对山庄河倒虹吸中孔加齿坎在大流量输水工况下进行数值仿真计算，取 400.0～1800.0s 时间段各观测点（图 7 - 35）水深变化时程曲线进行分析，根据大流量输水工况可知，每孔三个测点波动曲线基本一致，故本次只取中间测点进行研究，倒虹吸出口水深变化情况如图7-36~图7-38所示，其中闸孔按顺水流方向从左到右依次为L、M、R孔。从水位波动时程曲线图中可知：水位波动幅值中孔最大，波动幅值最大为0.12m。

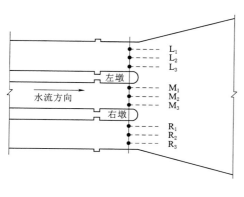

图7-35 观测点布置图

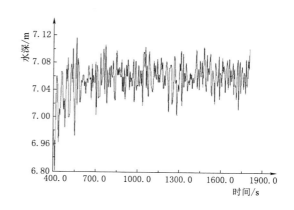

图7-36 观测点L_2处水深变化曲线

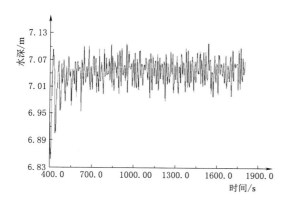

图7-37 观测点M_2处水深变化曲线

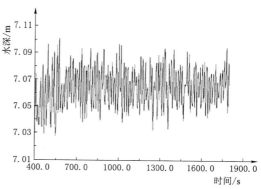

图7-38 观测点R_2处水深变化曲线

7.3.3 闸室底坎措施对比分析

在同种输水流量工况下，对两种底坎措施分别从流速、水深以及水位波动幅值方面进行了分析，对比可知：中孔底坎措施墩后尾涡混乱，但漩涡强度较大，造成出口闸室段波动强度大，波动幅值高，最大幅值为0.45m。边孔底坎措施墩后位漩涡强度较小，漩涡数量少，从而使出口闸室段波动强度变小，幅值降低，最大波动幅值为0.12m。综合考虑，建议采用边孔底坎措施。详情见表7-2。

表 7 - 2　　　　　　　　　　　　　　　　闸室底坎措施对比分析

	工况	数 据 对 比	分 析
流速云图	中坎	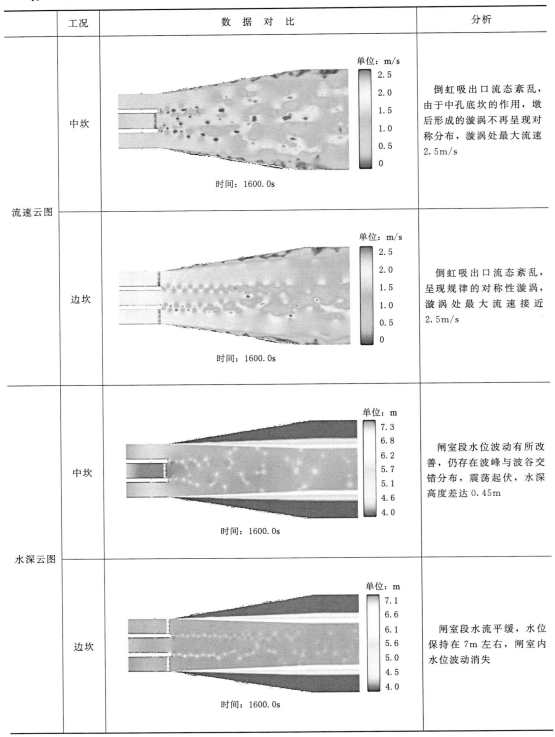	倒虹吸出口流态紊乱，由于中孔底坎的作用，墩后形成的漩涡不再呈现对称性分布，漩涡处最大流速 2.5m/s
	边坎		倒虹吸出口流态紊乱，呈现规律的对称性漩涡，漩涡处最大流速接近 2.5m/s
水深云图	中坎		闸室段水位波动有所改善，仍存在波峰与波谷交错分布，震荡起伏，水深高度差达 0.45m
	边坎		闸室段水流平缓，水位保持在 7m 左右，闸室内水位波动消失

工况	数据对比	分析
水位时程曲线图	中坎	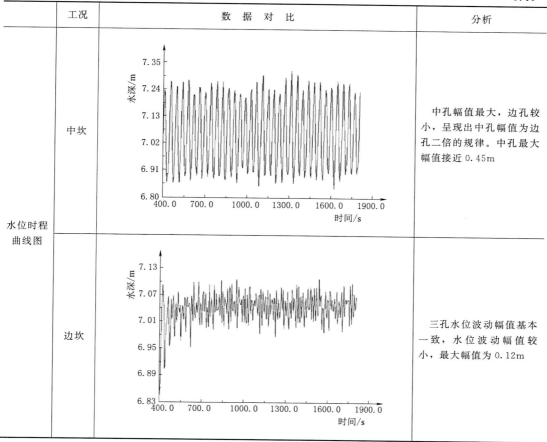	中孔幅值最大,边孔较小,呈现出中孔幅值为边孔二倍的规律。中孔最大幅值接近0.45m
	边坎		三孔水位波动幅值基本一致,水位波动幅值较小,最大幅值为0.12m

第 8 章

闸门开度对水位异常波动的影响

8.1 闸门控制措施方案

通过对山庄河倒虹吸各流量工况下的数值仿真计算，以及不同长度椭圆形导流墩、不同位置的底坎方案对闸室内水位波动的影响数值仿真计算，可以看出，造成倒虹吸出口闸室段出现水位异常波动的策源地是尾墩后的卡门涡街。为了消除倒虹吸出口尾墩处的卡门涡街现象，一方面借鉴十二里河消除水位波动的计算成果；另一方面根据现场调研情况，发现部分倒虹吸内的闸门临时入水对削减波动有一定效果，所以本次计算采用闸门入水的控制措施来解决倒虹吸出口闸室段水位波动问题。

为了研究闸门启闭对倒虹吸闸室内水位波动大小的影响，本次计算选取倒虹吸中孔闸门入水控泄、边孔闸门敞泄的方式运行，中孔闸门开度根据山庄河倒虹吸现场实测数据选取为6000mm。在 Flow-3D 软件中进行数值仿真计算，探究倒虹吸闸室内流速、水深的变化过程，并对其流速及水深云图展示分析。

本次数值仿真计算采用大流量输水作为本次计算工况，闸门开闭情况为 1# 闸门全开，2# 闸门开度 $e=6000$mm，3# 闸门全开。湍流模型选择 RNG $k-\varepsilon$ 模型，倒虹吸模型进口设置为流量进口边界，流量大小设置为 263m³/s，模型出口设置为流速出口边界，流速大小为 1.031m/s，初始水体高度根据上下游水位插值计算结果设定，水流黏滞系数设置为 0.001N·s/m²，渠道糙率设置为 0.014，计算时间设置为 1600.0s。

8.2 流速云图结果分析

山庄河倒虹吸在大流量输水工况下管身段流速均匀平缓，在倒虹吸出口处与渐变段流速因横截面的变化流速发生较大变化，如图 8-1 所示。从图中可以看出：中孔控泄计算工况下，倒虹吸两边孔内流速大小相同，中孔由于闸门的存在，闸后流速低于边孔，且在墩后未形成规则的卡门涡街现象。

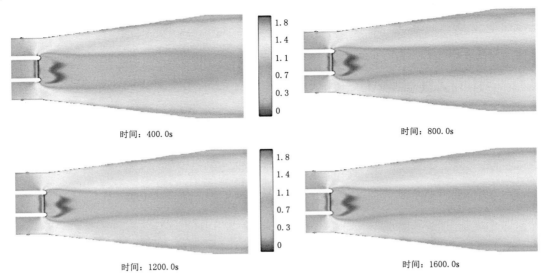

图8-1　山庄河倒虹吸闸控出口处流速变化云图（单位：m/s）

8.3　水深云图结果分析

对山庄河倒虹吸中孔控泄模型在大流量输水工况下进行数值仿真计算，取倒虹吸出口段及渐变段水深变化云图进行分析，为了便于观测闸室内水位波动变化，色带设置为4.0～7.5m，如图8-2所示。由图可知：水流过闸室过程中，闸室段水深在7.5m左右，中孔采取控泄措施后，闸室水流平缓，波动基本消失。

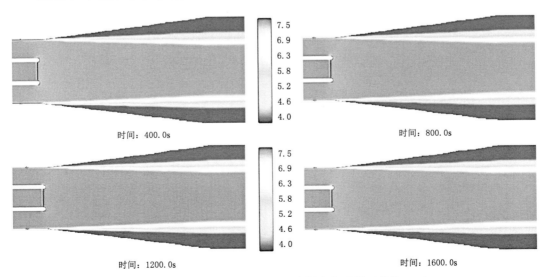

图8-2　山庄河倒虹吸闸控出口水深变化云图（单位：m）

8.4 水位波动时程图分析

对山庄河倒虹吸中孔控泄模型在大流量输水工况下进行数值仿真计算，数值仿真计算在 500.0s 前还未进入稳定状态，闸室内水流状态变化较大，数据不具有参考性；计算时长 500.0s 以后，水流状态逐渐摆脱初始、边界条件约束。所以取 500.0～1800.0s 时间段各观测点（图 8-3）水深变化时程曲线进行分析，根据大流量输水工况可知，每孔三个测点波动曲线基本一致，故本次只取中间测点进行研究，倒虹吸出口水深变化情况如图 8-4～图 8-6 所示，其中闸孔按顺水流方向从左到右依次为 L、M、R 孔。从水位波动时程曲线图中可知：采取闸控措施后，三孔水位波动幅值基本一致，幅值仅有 0.03m，波动基本消失。

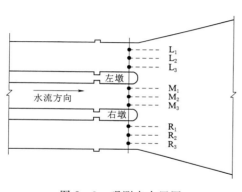

图 8-3 观测点布置图

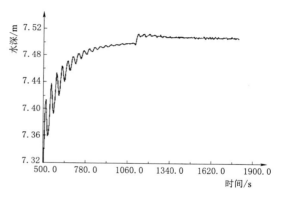

图 8-4 观测点 L_2 处水深变化曲线

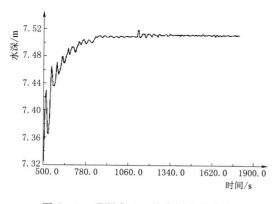

图 8-5 观测点 M_2 处水深变化曲线

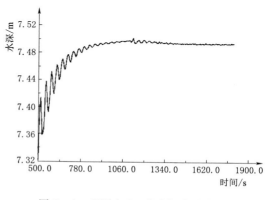

图 8-6 观测点 R_2 处水深变化曲线

8.5 闸控前后倒虹吸水力特性对比分析

在同种输水流量工况下，对两种控泄措施分别从流速、水深以及水位波动幅值方面进行了分析，对比可得出：1#闸门全开，2#闸门开度 $e=6000\text{mm}$，3#闸门全开的方式控泄运行减小波动效果更好，闸室内波动幅值降低至0.03m。选取此工况与山庄河大流量输水工况进行对比分析，详情见表8-1。

表8-1　　　　　　　　　　　闸控前后倒虹吸水力特性对比分析表

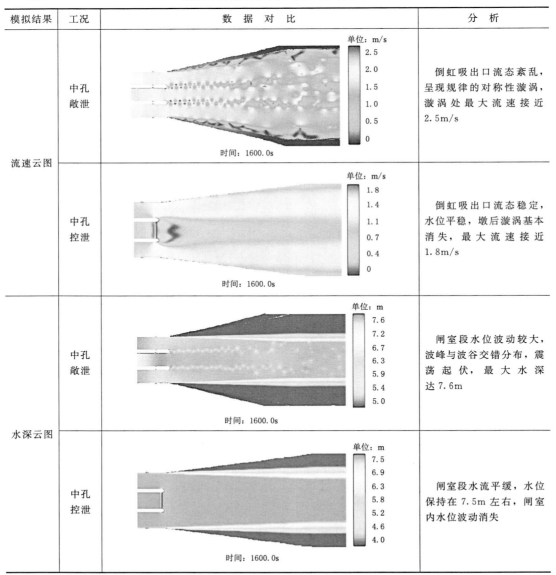

模拟结果	工况	数据对比	分析
流速云图	中孔敞泄	单位：m/s　2.5 2.0 1.5 1.0 0.5 0　时间：1600.0s	倒虹吸出口流态紊乱，呈现规律的对称性漩涡，漩涡处最大流速接近2.5m/s
	中孔控泄	单位：m/s　1.8 1.4 1.1 0.7 0.4 0　时间：1600.0s	倒虹吸出口流态稳定，水位平稳，墩后漩涡基本消失，最大流速接近1.8m/s
水深云图	中孔敞泄	单位：m　7.6 7.2 6.7 6.3 5.9 5.4 5.0　时间：1600.0s	闸室段水位波动较大，波峰与波谷交错分布，震荡起伏，最大水深达7.6m
	中孔控泄	单位：m　7.5 6.9 6.3 5.8 5.2 4.6 4.0　时间：1600.0s	闸室段水流平缓，水位保持在7.5m左右，闸室内水位波动消失

模拟结果	工况	数据对比	分析
水位时程曲线图	中孔敞泄		中孔幅值最大，边孔较小，呈现出中孔幅值为边孔二倍的规律。中孔最大幅值接近 0.6m
	中孔控泄		三孔水位波动幅值基本一致，水位波动幅值较小，最大幅值为 0.03m

第 9 章

结　　论

　　本书利用现场调研、原型观测、数据采集和数值仿真模拟技术，研究了南水北调中线工程倒虹吸出口典型水力学问题，其中特别针对中线工程倒虹吸出口异响及水位异常波动等水力学问题，开展了深入的研究，初步揭示了形成水位波动的内在机理，提出了适用的工程处理措施。研究成果可为南水北调中线工程大流量输水的安全调度运行提供技术支撑和理论依据，使南水北调中线工程在保证安全运行的前提下，充分发挥工程效益。

　　本书的研究成果可总结如下：

　　（1）对山庄河倒虹吸、十里河倒虹吸等中线典型建筑物进行了现场实测，得到了建筑物及其与渠道衔接进出口处的水位波动、流速及流量变化等实测数据。根据实测数据建立倒虹吸出口模型，采用 RNG k - ε 模型模拟水流流态及计算相关水力参数。

　　（2）特别针对山庄河倒虹吸出口异响及水位异常波动现象，开展深入的研究。通过对山庄河倒虹吸大流量输水、设计流量及加大流量工况下的模拟可知，水流在倒虹吸出口尾墩处形成呈对称分布的卡门涡街是产生水位异常波动的策源地，倒虹吸出口尾墩处形成的双列卡门涡街，周期性脱落出旋转方向相反、排列规则的双列线涡，造成局部阻水现象，进而形成波动后向上游传递，使倒虹吸出口闸室段产生周期性的水位波动，出口中孔处由于两个尾墩涡街作用相互叠加，从而使中孔阻水作用增强，产生的水位波动效果较边孔更强。

　　（3）倒虹吸出口水位波动现象的首要因素缘于自身结构。通过对比相同输水流量工况下的不同结构仿真计算结果，同等流量工况下，四孔流态相对三孔较为稳定，流速小，下游水位低，出口处同样呈现较为规律且对称的漩涡，但水位波动幅值较小。

　　（4）水位异常波动现象与大流量输水期间倒虹吸的过流流量有一定的关联性。通过对比不同输水流量工况下的仿真计算结果，发现尾墩处漩涡脱落的强度与流量具有一定的正相关性。过流流量大时，水体运移能量多，尾墩处的漩涡强度高，闸室内的水位波动幅值大；过流流量小时，水体运移能量少，尾墩处的漩涡强度低，闸室内的水位波动幅值小。

　　（5）采取了椭圆形尾墩工程处理措施，进行数值仿真计算分析，通过不同的尾墩加长方案计算比选可知，五种加长方案均对控制和消除闸室内水位异常波动有一定的改善效果，能有效减少原始尾墩处的卡门涡街强度。根据数值模拟情况同时考虑到施工因素，推荐采用加长长度 3.6m 的椭圆形尾墩方案，此方案闸室内水位波动幅值仅为 0.13m。

　　分别对中孔布置齿坎和边孔布置齿坎两种措施进行数值仿真计算分析，两种工况对减小闸室内水位波动均有一定的效果,边孔布置齿坎效能效果最佳。综合计算结果,建议采用边孔布置齿坎,此工况下闸室内水位波动幅值为 0.12m。

(6)调度方案可采取闸控措施,对 $1^{\#}$ 闸门全开,$2^{\#}$ 闸门开度 $e = 6000\text{mm}$,$3^{\#}$ 闸门全开的方式控泄运行的工况进行模拟,闸室内波动幅值降低至为 0.03m。

参 考 文 献

［1］ 聂生勇，吴涛. 国之重器润北方——写在南水北调东中线全面通水四周年之际 ［J］.
中国水利，2018，23：1-3，4.

［2］ 李小杰，庞正立，刘云凤，等. 浅析南水北调中线左岸截流渠方城段存在的问题与对
策 ［J］. 科技创新导报，2017，14（6）：57-58.

［3］ 牛津. 南水北调工程箱形倒虹吸非线性有限元分析 ［D］. 兰州：兰州交通大学，2018.

［4］ Liu Z, Chen Y, Wu Y, et al. Simulation of exchange flow between open water and floating
vegetation using a modified RNG $k-\varepsilon$ turbulence model ［J］. Environmental Fluid Me-
chanics，2017，17（2）：355-372.

［5］ Zhang M, Shen Y. Three-dimensional simulation of meandering river based on 3-D RNG
$\kappa-\varepsilon$ turbulence model ［J］. Journal of Hydrodynamics, Ser. B，2008，20（4）：448-455.

［6］ Koutsourakis N, Bartzis J G, Markatos N C. Evaluation of Reynolds stress, $k-\varepsilon$ and
RNG $k-\varepsilon$ turbulence models in street canyon flows using various experimental datasets
［J］. Environmental Fluid Mechanics，2012，12（4）：379-403.

［7］ Nogueira X, Ramírez L, Fernández-Fidalgo J, et al. An a posteriori-implicit turbulent
model with automatic dissipation adjustment for Large Eddy Simulation of compressible
flows ［J］. Computers & Fluids，2020，197：104.

［8］ Helmi A M. Assessment of CFD turbulence models for free surface flow simulation and 1-
D modelling for water level calculations over a broad-crested weir oodway ［J］. Water
SA，2019，45（3）：420-433.

［9］ Real-Ramirez C A, Carvajal-Mariscal I, Sanchez-Silva F, et al. Three-dimensional
flow behavior inside the submerged entry nozzle ［J］. Metallurgical and Materials Trans-
actions B，2018，49（4）：1644-1657.

［10］ Mohammadi-Ahmar A, Bazdidi-Tehrani F, Solati A, et al. Flow and contaminant dis-
persion analysis around a model building using non-linear eddy viscosity model and large
eddy simulation ［J］. International Journal of Environmental Science and Technology，
2017，14（5）：957-972.

［11］ Azimi H, Shabanlou S, Kardar S. Characteristics of hydraulic jump in U-shaped channels
［J］. Arabian Journal for Science and Engineering，2017，42（9）：3751-3760.

［12］ Kundu S. Prediction of velocity-dip-position over entire cross section of open channel
flows using entropy theory ［J］. Environmental Earth Sciences，2017，76（10）：1-16.

［13］ 张曙光，尹进步，张根广. 基于Flow-3D的圆柱形桥墩局部冲刷大涡模拟 ［J］. 泥沙
研究，2020，45（1）：67-73.

［14］ 骆霄，王均星，张文传，笪津榕. 基于Flow-3D的高速水流无压溢洪洞内消能工数值
模拟 ［J］. 水电能源科学，2020，38（9）：96-100.

［15］ 叶瑞禄. 洛河渡槽过流能力影响因素的分析研究［D］. 杨凌：西北农林科技大学，2018.

［16］ 常胜，牧振伟，万连宾. 三个泉倒虹吸预应力钢筒混凝土管沿程水头损失计算分析［J］. 水电能源科学，2015，33（9）：95-98.

［17］ 李新，谢晓勇. 大型倒虹吸工程水头损失及水力计算［J］. 人民长江，2017，48（20）：71-75.

［18］ 石昊，祝云宪，杨峰，程永光. 齿坎式宽尾墩消能特性 CFD 模拟［J］. 水电能源科学，2017，35（10）：108-111，132.

［19］ 刘海强，王文娥，胡笑涛. 矩形渠道分水口水力性能试验研究［J］. 排灌机械工程学报，2018，36（10）：1012-1016.

［20］ 祝云宪，李顺涛，杨峰，石昊，程永光. 出山店大坝泄洪消能防冲数值模拟研究［J］. 水电能源科学，2018，36（2）：132-135.

［21］ 曾庆玲. 渡槽的总体布置与水力计算［J］. 黑龙江水利科技，2010，38（4）：42-43.

［22］ 谭柱林，彭杨. 明渠弯道水流三维数值模拟［J］. 水运工程，2012，3：46-49.

［23］ 王军. 山西省标准化 U 形渠道流量量测装置测流性能及水力特性研究［D］. 太原：太原理工大学，2018.

［24］ 王浩霖，张月，赵晶. 直立堤迎浪面小角度变化的波浪力分析［J］. 水运工程，2022，7：1-11.

［25］ 黄子奇. 缓慢蓄水快速泄放条件下水动力与污染物变化规律研究［D］. 西安：西安理工大学，2021.

［26］ Waldy M，Gabl R，Seibl J，et al. Alternative methods for the implementation of trash rack losses in the 3D-numerical calculation with FLOW-3D［J］. Österreichische Wasser-und Abfallwirtschaft，2015，67（1-2）：64-69.

［27］ Krzyzagorski S，Gabl R，Seibl J，et al. Implementation of an angled trash rack in the 3D-numerical simulation with FLOW-3D［J］. Österreichische Wasser-und Abfallwirtschaft，2016，68（3-4）：146-153.

［28］ Du X. Quantitative Research of Water Resources Based on Sustainable Development［C］//2016 5th International Conference on Environment，Materials，Chemistry and Power Electronics. Atlantis Press，2016：197-200.

［29］ Zhu Jinghai，Feng Xuejiao，Fu Jinxiang，He Xiang. The simulation of the buoy for oscillating wave energy converter with Flow 3D［C］. Proceedings of 2016 5th International Conference on Environment，Materials，Chemistry and Power Electronics（EMCPE 2016），2016：764-769.

［30］ Shan JJ. Construction of Gomti Aqueduct［J］. Indian Concrete Journal，1986，60（6）：21-24.

［31］ Shen J N，Lai L L，Li Y P. Study of Pre-Processing Technology for Zinc Alloy Die-Casting Numerical Simulation on Flow-3D［C］//Applied Mechanics and Materials. Trans Tech Publications Ltd，2012，184：1232-1235.

［32］ Oh N S，Choi I C，Kim D G，et al. The simulation of upwelling flow using FLOW-3D［J］. Journal of Korean Society of Coastal and Ocean Engineers，2011，23（6）：

451 – 457.

[33] 黄佳丽, 倪福生, 顾磊. 泥沙冲刷模拟的 FLOW – 3D 数值方法研究 [J]. 中国港湾建设, 2019, 39 (10): 6 – 11.

[34] 潘馨馨, 王亚琳. 基于 FLOW3D 模型浅析河道断面形状对河道水力特性的影响 [J]. 科技资讯, 2019, 17 (26): 33 – 35.

[35] 孙晶莹, 乐启炽, 赵旭, 等. 基于 Flow – 3D 的铝合金铸件低压铸造卷气行为 [J]. 特种铸造及有色合金, 2019, 39 (7): 739 – 741.

[36] 李火坤, 梁萱, 刘瀚和, 等. 基于 FLOW – 3D 的尾矿库逐渐溃坝三维数值模拟 [J]. 南昌大学学报 (工科版), 2019, 41 (2): 120 – 126.

[37] 吴耀荣, 岑伟明, 邓宇斌, 等. 基于 FLOW – 3D 的减震塔真空压铸工艺设计与优化 [J]. 特种铸造及有色合金, 2019, 39 (6): 618 – 621.

[38] 胥国祥, 钱红伟, 朱杰, 等. 基于 FLOW – 3D 的 GMAW 焊熔池行为数值分析模型 [J]. 江苏科技大学学报 (自然科学版), 2021, 35 (1): 36 – 39.

[39] 蒋卫威, 鱼京善, 陈寅生, 等. 基于 FLOW3D 的梅溪洪濑段桥梁壅水三维数值模拟 [J]. 南水北调与水利科技 (中英文), 2021, 19 (4): 776 – 785.

[40] 杨培思, 蔡德所, 莫崇勋. 基于 FLOW – 3D 的竖缝式鱼道水力特性研究 [J]. 广西大学学报 (自然科学版), 2018, 43 (4): 1675 – 1683.

[41] 张勃. 离心铸造双金属复合管数值模拟与工艺优化 [D]. 武汉: 武汉理工大学, 2018.

[42] 高鹏程. 基于 FLOW – 3D 的圆端形桥墩防护措施数值模拟研究 [D]. 呼和浩特: 内蒙古农业大学, 2018.

[43] 张婷. 卧式圆筒防波堤的波浪力研究 [D]. 天津: 天津大学, 2018.

[44] 吴佩峰, 韩晓维, 徐岗, 屠兴刚. 戽流消能沿程水面波动特性研究 [J]. 人民长江, 2018, 49 (16): 112 – 117.

[45] 李毅佳, 马斌, 周芳. 节制闸调控下明渠输水系统水力特性研究 [J]. 中国农村水利水电, 2017, 5: 46 – 50, 57.

[46] 蔡芳, 程永光, 张晓曦. 保证调压室水位波动三维 CFD 模拟准确性的方法 [J]. 武汉大学学报 (工学版), 2016, 49 (3): 390 – 396.

[47] 黄田, 徐正刚, 周立波, 等. 水位波动对洞庭湖越冬小天鹅家域的影响 [J]. 生态报, 2019, 22: 1 – 10

[48] 吴永妍, 刘昭伟, 陈永灿, 等. 梯形明渠——马蹄形隧洞过渡段流动形态与局部水头损失研究 [J]. 水力发电学报, 2016, 35 (1): 46 – 55.

[49] 邱春, 岳书波, 刘承兰. 带差动挑坎的溢洪道流场三维数值模拟 [J]. 广西水利水电, 2014, 6: 3 – 7, 11.

[50] 张涛涛. 三维数值波浪水槽的构建及围油栏结构水动力学性能的研究 [D]. 青岛: 中国海洋大学, 2014.

[51] 江鸣. 波浪通过系列矩形潜堤的数值模拟 [D]. 天津: 天津大学, 2012.

[52] 韩朋. 基于 VOF 方法的不规则波阻尼消波研究 [D]. 大连: 大连理工大学, 2009.

[53] 邹志利, 邱大洪, 王永学. VOF 方法模拟波浪槽中二维非线性波 [J]. 水动力学研究与进展 (A 辑), 1996, 1: 93 – 103.

[54] 吴持恭. 水力学 (上册) [M]. 2 版. 北京: 高等教育出版社, 1982.

[55] 周正贵，王卫星．计算流体力学基础理论与实践［M］．北京：科学出版社，2017．

[56] 张兆顺，崔桂香．紊流理论与模拟［M］．北京：清华大学出版社，2005．

[57] 蔡甫款．明渠流量测量的关键技术研究［D］．杭州：浙江大学，2006．

[58] 陈国伟．流速—水位法测量明渠断面流量［D］．杭州：浙江大学，2009．

[59] 许新勇．中线典型建筑物大流量输水数值仿真分析研究报告［R］．郑州：华北水利水电大学水利学院，2019．

[60] 马福喜，王金瑞．三维水流数值模拟［J］．水力学报，1996（8）：39－44．

[61] 王月华，包中进，王斌．基于Flow－3D软件的消能池三维水流数值模拟［J］．武汉大学学报（工学版），2012．

[62] 肖利兴．尾矿库渐进式溃坝物理模型试验与数值模型实验研究［D］．南昌：南昌大学，2020．

[63] 王莹莹．矩形渠道侧堰水力性能研究［D］．杨凌：西北农林科技大学，2017．

[64] 王时龙．半圆柱形量水槽试验研究与设计［D］．杨凌：西北农林科技大学，2016．

[65] 魏文礼，邵世鹏，刘玉玲．梯形断面明渠丁坝绕流水力特性三维大涡模拟［J］．西安理工大学学报，2015，31（4）：385－390．

[66] 孙斌．矩形渠道机翼形量水槽水力特性数值模拟［D］．杨凌：西北农林科技大学，2010．

[67] 牟献友，李超，李国佳，李金山．U形渠道直壁式量水槽水力特性数值模拟［J］．华北水利水电学院学报，2010，31（2）：16－19．

[68] 李毅，邓树密．南水北调南阳二标段十二里河渡槽桩基施工技术［J］．探矿工程（岩土钻掘工程），2013，40（1）：57－61．

[69] Man Chandara．基于Flow－3D的桥墩冲刷数值研究［D］．杨凌：西北农林科技大学，2019．

[70] Liu Z，Chen Y，Wu Y，et al．Simulation of exchange flow between open water and floating vegetation using a modified RNG $k-\varepsilon$ turbulence model［J］．Environmental Fluid Mechanics，2017，17（2）：355－372．

[71] Zhang M，Shen Y，Wu X．3 D Numerical Simulation of Overbank Flow in Non－Orthogonal Curvilinear Coordinates［J］．China Ocean Engineering，2005，19（3）：395－407．

[72] 王艺之，韩新宇，董胜．规则波与直立堤相互作用的数值模拟［J］．海洋湖沼通报，2022，44（3）：1－6．

[73] 滕凯．矩形断面渠槽水力计算的简化算法［J］．吉林水利，2012，12：20－22．

[74] 杨开林．河渠恒定非均匀流准二维模型［J］．水利学报，2015，46（1）：1－8．

[75] 邵岩．考虑水体作用的渡槽动力响应计算［D］．南京：河海大学，2006．

[76] 宁景昊．多孔溢洪道水力特性模型试验及数值模拟研究［D］．西安：西安理工大学，2018．

[77] 郭瑾瑜，王均星．溢洪道中墩水翅的数值模拟［J］．武汉大学学报（工学版），2013，46（5）：572－576．

[78] 梁萱，曾智超．基于FLOW－3D的尾矿库数值模拟对下游影响研究［J］．江西水利科技，2021，47（1）：11－20．

[79] 颜天佑，朱晗玥，赵兰浩．湍河渡槽基础水力特性数值模拟及冲刷分析研究［J］．水利

水电技术，2019，50（增刊2）：106－110.

［80］ Wright，Steven J，Tullis，et al. Recalibration of Parshall flumes at low discharges ［J］. Journal of Irrigation and Drainage Engineering，1994，120（2）：348－362.

［81］ 陈小威. 侧槽溢洪道水力特性模型试验与数值模拟研究 ［D］. 西安：西安理工大学，2017.